国家星火计划项目“园林珍稀树种规模化引繁与示范推广”(2013GA690441)资助
徐州工程学院学术著作出版基金资助
徐州市科技计划项目“徐州地区稀有濒危植物保护技术研究”(XM13B124)资助
徐州市科技计划项目“徐州地区薰衣草引繁技术研究及观光旅游示范园建设”(KC14SM078)资助

徐州珍稀濒危植物

琚淑明　杨瑞卿　谭雪红　著

中国矿业大学出版社
·徐州·

图书在版编目(CIP)数据

徐州珍稀濒危植物 / 琚淑明,杨瑞卿,谭雪红著.
—徐州:中国矿业大学出版社,2019.10
ISBN 978-7-5646-3833-7

Ⅰ.①徐… Ⅱ.①琚… ②杨… ③谭… Ⅲ.①濒危植物—介绍—徐州 Ⅳ.①Q948.525.33

中国版本图书馆 CIP 数据核字(2017)第 323654 号

书　　名 徐州珍稀濒危植物
著　　者 琚淑明　杨瑞卿　谭雪红
责任编辑 周　丽
出版发行 中国矿业大学出版社有限责任公司
(江苏省徐州市解放南路　邮编 221008)
营销热线 (0516)83884103　83885105
出版服务 (0516)83995789　83884920
网　　址 http://www.cumtp.com　**E-mail**:cumtpvip@cumtp.com
印　　刷 江苏凤凰数码印务有限公司
开　　本 787 mm×1092 mm　1/16　**印张** 12　**字数** 222 千字
版次印次 2019 年 10 月第 1 版　2019 年 10 月第 1 次印刷
定　　价 45.00 元

前　言

近年来，人们越来越认识到保护生物多样性的重要意义，世界各国、国际自然保育联盟及联合国粮农组织已经颁布了许多与生物多样性和稀有濒危植物保护相关联的法律、法规及公约。我国政府对野生植物的保护管理极为重视，企业、组织、政府相关部门筹集大量的经费，用于开展生物多样性和稀有濒危植物研究，并取得了一些重要成果。

随着社会发展和环境的变化，徐州地区部分稀有植物或消失或数量减少。保护珍稀濒危植物，丰富植物多样性是亟待解决的问题。本书编撰目的主要包括三点：收录徐州地区相对翔实的珍稀濒危植物种类，摸清家底，为徐州本地珍稀濒危植物保护及外地珍稀濒危植物的引种提供依据；对本地珍稀濒危植物的濒危性及开发利用价值进行评价，明确保护的重要性，为后期的保护力度及开发利用提供理论支持；为管理和制定保护措施提供依据。

本书收集和介绍了分布在徐州地区的 55 种珍稀濒危植物，并根据濒危程度、科学价值和经济用途等指标，建议分为三个保护级别，其中属于一级保护的有 19 种，二级保护的有 18 种，三级保护的有 18 种。书中对每种植物的生物学特征、生态地理分布、濒危的原因、保护价值和保护对策等进行了论述，并附有每种植物的形态图。本书中科、属、种表述均参照《中国植物志》和《江苏植物志》。

本书全面、系统、详细地介绍了徐州地区珍稀濒危保护植物，具有一定的学术价值和较高的实用价值。本书可作为徐州地区植物资源研究的基础、制定野生植物资源保护法规与管理措施的依据，也可供有关教学、科研、管理和决策人员参考使用。

由于时间仓促，资料收集及野外调查会存在偏差，加上水平有限，本书不免有缺点和错误，希望读者多加指正。

著　者

2019 年 1 月

目 录

第一章　徐州地区的生态环境背景

第一节　地理位置与自然概况

一、地理位置

徐州市位于北纬33°43′～34°58′，东经116°22′～118°40′，属于华北平原东南部，苏鲁豫皖四省交界处，东西约210千米，南北约140千米，总面积约11 259平方千米。徐州，简称徐，古称“彭城”，为江苏省重要的工商业、金融贸易业和农业城市，是国务院批准拥有地方立法权的特大城市之一，是淮海经济区中心城市。徐州市区划为鼓楼、贾汪、云龙、泉山、铜山5个区；辖有新沂、邳州两个地市级行政区和丰县、睢宁和沛县3个县级行政区。徐州是历史上“华夏九州”之一，现阶段，徐州更是华东地区重要的门户城市，是重要的交通枢纽城市。

二、地形、地貌及土壤

徐州市陆地面积为9 794.46平方千米，占总面积的87%。全市地貌，根据成因和区域特征，自西向东大致可分为黄泛冲积平原、低山剥蚀平原、沂沭河洪冲积平原3个地貌区，地势由西北向东南缓缓倾斜，海拔介于20～50米之间。地形由平原和山丘岗地2部分组成，以平原为主，占陆地面积的90%，山丘岗地面积占陆地面积的10%。山丘岗地大部分高度不超过200米，分两大群：一群分布于市域中部，以贾汪区大洞山最高，海拔为361米；另一群分布于市域东部，以新沂市马陵山最高，海拔为122.9米。

徐州市位于淮河流域，水域平水总面积为98 807.65万平方米，分别属于3个水系：中部的故黄河水系、北部的沂沭泗水系和南部的濉安河水系。境内有主要河道58条(龙河、潼河、徐沙河、闸河、奎河、灌沟河、阎河、看溪河、琅河、运料河、沂河、沭河、中运河、郑集河、丁万河、白马河等)，湖泊2个和中型水库5座，小型水库69座，及分布于20个镇的采煤塌陷区。

徐州境内成土条件复杂，质量差异较大。根据研究，全市土壤可分为6个土类,15 个亚类,35 个土属,91 个土种。大体以京杭大运河为界,运河西南部主要为黄泛冲积母质发育而成的潮土类,包括黄潮土、盐化黄潮土、盐碱化黄潮土、碱化黄潮土及棕潮土 5 个亚类。运河中部微山湖洼地主要为黄泛沉积物发育的黄潮土;铜贾邳山丘区成土母质大部分为各类石灰岩风化物发育的褐土,代表土属为山淤土、山红土、山黄土。运河东部为沂河、沭河冲积、洪积平原,土壤以棕潮土为主,少部分为黄河冲积形成的黄潮土。东部岗岭为马陵山脉的延伸,成土母质和土壤类型复杂,地域分布明显,其东部成土母质以片麻岩、花岗岩及花岗闪长岩的风化物为主,土壤发育为粗骨棕壤土;南部和北部则以紫色面岩、沙砾岩风化物和古老的洪积冲击物为主,土壤发育为白浆化棕壤土和砂姜黑土等。

三、气候条件

徐州地区属于北暖温带季风气候区,东西狭长,受海洋影响形成的气候类型稍有差异,以运河为界,东部为暖温带湿润季风气候,西部为暖温带半湿润季风气候。徐州地区气候特点为:阳光充足,雨量适中,雨热同期,温度日较差较大,季风显著,四季分明,具有典型的南北气候过渡性。

1. 光能

徐州地区全年太阳辐射能量平均为 499.9 千焦/平方厘米,光合有效辐射平均为 247 千焦/平方厘米,日照时数为 2 423.2 小时,日照百分率达到 55%。作物生长期(≥0 ℃)的光能总辐射量平均为 442.4 千焦/平方厘米,日照时数为 2 097.4 小时。区内光能资源分布为北高南低,西多东少。

2. 热量

徐州地区年平均气温为 13.7～14.1 ℃,西部高于东部。7 月最热,月平均气温为 26.8～27.1 ℃,≥35 ℃的日数平均为 11.5 天/年,历史极端最高温度 40.6 ℃。1 月最冷,月平均温度为－0.7～－1.2 ℃,≤－10 ℃的日数平均为 6.0 天/年,历史极端最低温度为－23.30 ℃。全年≥0 ℃的活动积温平均为 5 087.2～5 210.3 ℃,全年无霜期平均为 207 天左右,热量条件适于喜温、喜凉等多种植物生长。热量的地区间分布东高西低。年内气温变化为春季温和、夏季炎热、秋季凉爽、冬季寒冷,温度四季变化明显,春秋升降温度快,气温日较差大。

3. 湿度与降水

空气湿度较小、雨量偏小、蒸发量大是徐州气候的主要特点。徐州年平均相对湿度仅为 69%,其中,12 月和 1—5 月的相对湿度较小,一般为 61%～65%;7—8 月的相对湿度较高,为 81%。全年平均蒸发量为

1 838.7 毫米，4—6 月的蒸发量较大，达 2 006～2 673 毫米，11 月—次年 2 月的蒸发量较小，为 553～873 毫米。降雨量时空分布不均，干湿季节明显。徐州市年平均降雨量为 782～946 毫米，平均为 873.9 毫米，降水日数为 83～99 天。

四、植被状况

按照地理位置和气候条件，徐州地带性植被应该以落叶阔叶林为主。但是由于战争和人为砍伐，徐州原本的森林资源被严重破坏，现有的森林植被以人工侧柏林为主。这些侧柏林是 20 世纪五六十年代，当地开展植树造林、绿化荒山运动的成果。现在侧柏林广泛分布于徐州各个地区的丘陵山地，是面积最大的植被类型。但是，由于造林密度过大、土壤状况不好等原因，人工侧柏林出现了结构简单、群落多样性低、更新困难等问题。

徐州地区属于暖温带南部，地带性植被为落叶阔叶林。根据史料记载，在历史上本地曾有大面积的自然森林植被，组成成分主要以栎属（*Quercus*）为主，并有榆属（*Ulmus*）、朴属（*Celtis*）、椴属（*Tilia*）、槭属（*Acer*）、柿属（*Diospyros*）、柳属（*Salix*）等多种落叶树种混合。至周代，这里仍然保存着大面积的自然森林植被。西周时期，落叶阔叶天然林树木种类组成主要是栓皮栎（*Quercus variabilis*）和青檀（*Pteroceltis tatarinowii*），并混合有黄连木（*Pistacia chinensis*）、朴树（*Celtis sinensis*）、元宝槭（*Acer truncatum*）、山合欢（*Albizia kalkora*）、南京椴（*Tilia miqueliana*）、苦楝（*Melia azedarach*）等落叶树，林下灌木和草木种类繁多。这一类型反映了徐州地区地带性植被类型。

由于徐州地区受战火影响，加上开发历史悠久，地带性森林植被现今已经几乎不复存在，地区 80%的面积已经成为农田或工业区。中华人民共和国成立以来，大规模的绿化造林工作产生了巨大成效。根据有关资料显示，徐州地区林地面积为 353 997.33 万平方米，占全市总面积的 31.45%。现有有林地中，乔木林地面积为 288 549.83 万平方米，占有林地面积的 99.99%；竹林面积为 17.79 万平方米，占有林地面积的 0.01%。2009 年徐州森林覆盖率为 28.71%①。依据《中国植被》的分类系统可将徐州植被划分为针叶林、落叶阔叶林、针阔混交林 3 种植被类型，主要包括：赤松林、黑松林、侧柏林、侧柏-刺槐林、侧柏-梧桐林、侧柏-榆树林、侧柏-构树林、刺槐林、刺槐-桑树林、刺槐-黄连木-三角枫林、构树林、黄檀林、杜梨林、栾树林、乌柏林、毛竹林、刚竹林、酸枣林、牡荆林等。

---

① 葛厚尚：《徐州地区维管植物资源调查及主要森林植被类型研究》，南京农业大学硕士学位论文，2013 年。

徐州地区现阶段面积最大的植被类型为人工侧柏林，几乎覆盖徐州所有丘陵和山地，由于20世纪五六十年代造林面积大、树种单一，造成现今徐州侧柏林类型单一、结构简单，主要以侧柏（*Platycladus orientalis*）为建群种，覆盖大，占徐州森林植被的50%以上，在侧柏林内散生少量刺槐（*Robinia pseudoacacia*）、构树（*Broussonetia papyrifera*）、苦楝等落叶阔叶树，形成局部的针阔混交林，多样性水平低，自身更新困难，长势缓慢，生态系统脆弱。在一些人为破坏较少的区域，有些落叶阔叶树种，如刺槐、桑树（*Morus alba*）、青桐（*Firmiana simplex*）、苦楝（*Melia azedarach*）、黄连木（*Pistacia chinensis*）、三角槭（*Acer buergerianum*）等与侧柏形成针阔混交林，或形成小面积的落叶阔叶林。

五、主要气象灾害

徐州东近黄海，西连华北平原，地形起伏不大，受海陆季风早晚及强弱的影响，降水和温度的年际变化较大，干旱、雨涝、低温、霜冻、冰雹和干热风等气象灾害较多。

干旱：徐州年降水量偏少，时空分布不均，干旱危害突出。按照发生时间，可分为春旱、初夏旱和秋冬连旱。3月上旬至5月下旬降水量≤90毫米，其中一个月的降水量≤15毫米即形成春旱。春旱发生大旱频率为14%，偏旱频率为39%。初夏旱发生在5月下旬至6月中旬，历年平均降水量为65.6毫米。秋季降水量连续3旬不足30毫米，或连续2旬少于20毫米即形成秋旱。

干热风：徐州干热风多出现在5月中旬—6月上旬偏西（西北或西南）风风速在3米/秒以上气象条件下，特点是温度高、湿度小、蒸发量大。轻型干热风约三年两遇，重型干热风五年一遇。

雨涝：徐州雨涝主要是夏涝，多急发性，时间短，危害重。6—8月降水量正距平数≥50%为大涝，25%～50%（不含50%）为偏涝。大涝为3.5次/年，频率为17.5%，偏涝频率为10%。

第二节　植物区系的基本特征

植物作为一个地区生态环境的重要组成部分，对改善人类生活环境，创造优美境域空间，调节地区生态平衡具有重要作用。目前，对于植物的研究多侧重于植物多样性、植物景观运用等，对植物区系特征的研究少之又少。

植物区系的调查分析是合理利用植被资源，发挥植被综合生态效益的重要依据，是判断植物应用是否合理的标准。对一个地区的植物区系进行分析研究，能够了解该区域植物群落结构特点，有利于植物运用、森林植物开发保护。

近年来，徐州地区越来越重视植物对城市生态环境的重要性，不断增加植物运用种类，扩大植物绿化面积。对徐州地区植物区系特点进行分析研究，可了解植物生态特征和区系性质，从而为徐州地区植物合理运用提供参考依据。

一、植物种类构成

徐州地区共有植物144科595属1 037种，其中蕨类植物14科14属15种，裸子植物6科19属34种，被子植物124科562属988种。在所有植物中，园林植物109科、325属、565种，主要有禾本科、蔷薇科、豆科、菊科、百合科、木犀科、忍冬科、杨柳科等。森林野生植物118科、432属、678种，主要有禾本科、蔷薇科、豆科、菊科、百合科、木犀科、大戟科等。

二、植物区系分析

参照吴征镒的《世界种子植物科的分布区类型系统》，吴征镒等人主编的《中国植物志》、陈灵芝等人主编的《中国植物区系与植被地理》等资料，对植物区系进行划分，共有世界广布(1)、泛热带分布(2)、热带亚洲和热带美洲间断分布(3)、旧世界热带分布(4)、热带亚洲到热带大洋洲分布(5)、热带亚洲到热带非洲分布(6)、热带亚洲分布(7)、北温带分布(8)、东亚及北美间断分布(9)、旧世界温带分布(10)、温带亚洲分布(11)、地中海、西亚至中亚分布(12)、中亚分布(13)、东亚分布(14)、中国特有(15)十五大植物区系分布类型。根据以上分布区类型，对徐州地区植物进行区系划分。

(一) 徐州地区植物区系组成

为了详细了解徐州地区植物、园林植物、森林野生植物的种类、植物区系组成特点等，参考《园林树木学》《园林花卉学》《中国植物志》，对徐州地区植物、园林植物、森林野生植物进行区系划分，并对各类植物区系特点进行分析研究。

1. 徐州地区植物科的区系组成

在植物分类学中，科是最大的实际自然分类单位，在植物区系研究中占有重要作用。根据徐州地区植物调查统计结果，对植物科的区系组成进行分析。各区系所包含的植物科数及比例见表1-1，植物区系的详细划分见附录。

表1-1　徐州地区植物科的区系组成

分布类型	科数	占总科数的百分比
世界广布(1)	51	35.42%
泛热带分布(2)	48	33.33%

续表 3-1

分布类型	科数	占总科数的百分比
热带亚洲和热带美洲间断分布(3)	9	6.25%
旧世界热带分布(4)	4	2.78%
热带亚洲到热带大洋洲分布(5)	0	0.00%
热带亚洲到热带非洲分布(6)	0	0.00%
热带亚洲分布(7)	0	0.00%
北温带分布(8)	24	16.67%
东亚及北美间断分布(9)	4	2.78%
旧世界温带分布(10)	1	0.69%
温带亚洲分布(11)	0	0.00%
地中海、西亚至中亚分布(12)	1	0.69%
中亚分布(13)	0	0.00%
东亚分布(14)	1	0.69%
中国特有(15)	1	0.69%
小计	144	100.00%

在徐州地区的植物中，世界广布类型的植物共有 51 科，占总数的 35.42%，所占比重最大，主要有禾本科、菊科、蔷薇科、豆科、木犀科等。

热带分布类型的植物共有 61 科，占总数的 42.36%。其中，泛热带分布类型共有 48 科，占总数的 33.33%，主要有大戟科、天南星科、荨麻科、锦葵科、石蒜科、鸢尾科、紫葳科等。这些科的植物多分布于东、西两半球的热带，有很多是经我国南方地区引种驯化至当地种植。热带亚洲和热带美洲间断分布类型有 9 科，占总数的 6.25%，包括马鞭草科、五加科、冬青科、安息香科等。旧世界热带分布类型共有 4 科，包括海桐科、八角枫科、胡麻科和芭蕉科。热带亚洲到热带非洲分布类型、热带亚洲到热带大洋洲分布类型与热带亚洲分布类型的科尚未发现。

温带分布类型的植物共有 31 科，占总数的 21.53%。其中，北温带分布类型共有 24 科，占总数的 16.67%，主要包括松科、杉科、柏科、槭树科、忍冬科、百合科等；东亚及北美间断分布类型有木兰科、蜡梅科、蓝果树科和三白草 4 科，占总数的 2.78%；旧世界温带分布类型仅包括柽柳科1 科；地中海、西亚至中亚分布类型包括石榴科 1 科；东亚分布类型也仅有银杏科 1 科，而温带亚洲分布类型与中亚分布类型的科尚未发现。

中国特有分布类型的植物，有1科，占总数的0.69%，为杜仲科。

2. 徐州地区植物属的区系组成

植物科的分析研究，能够反映植物区系的一般性与大致构成，但植物属的起源方式、分布区域又有所差异。作为真正的自然类群，属是由各植物种构成的，具有较为稳定的分类特征。植物的属能更为准确地反映各地区的地理环境差异，更能体现植物对不同立地环境的适应性。

根据《中国植物志》《中国植物区系与植被地理》等资料对徐州地区植物属的区系组成进行划分，各区系所包含的植物属数及比例见表1-2，各种植物的具体分布类型情况见附录。

表1-2　　徐州地区植物属的区系组成

分布类型	属数	占总属数的百分比
世界广布(1)	72	12.10%
泛热带分布(2)	101	16.97%
热带亚洲和热带美洲间断分布(3)	26	4.37%
旧世界热带分布(4)	27	4.54%
热带亚洲到热带大洋洲分布(5)	15	2.52%
热带亚洲到热带非洲分布(6)	9	1.51%
热带亚洲分布(7)	18	3.03%
北温带分布(8)	120	20.17%
东亚及北美间断分布(9)	44	7.40%
旧世界温带分布(10)	55	9.24%
温带亚洲分布(11)	11	1.85%
地中海、西亚至中亚分布(12)	19	3.19%
中亚分布(13)	1	0.17%
东亚分布(14)	57	9.58%
中国特有(15)	20	3.36%
小计	595	100.00%

在徐州地区，世界广布类型的植物共有72属，占所有植物属的12.10%。这一分布类型主要包括蒿属(*Artemisia*)、大戟属(*Euphorbia*)、堇菜属(*Viola*)、芦苇属(*Phragmites*)、香蒲属(*Typha*)、毛茛属(*Ranunculus*)、珍珠菜属(*Lysimachia*)等，植物种类丰富。

热带分布的植物共有196属，占总数的32.94%。其中，泛热带分布类型共有 101 属，占总数的 16.97%，主要包括卫矛属(*Euonymus*)、朴属(*Celtis*)、冬青属(*Ilex*)、木槿属(*Hibiscus*)、柿属(*Diospyros*)、山桃草属(*Gaura*)等。热带亚洲和热带美洲间断分布类型有 26 属，占总数的 4.37%，主要包括龙舌兰属(*Agave*)、山蚂蟥属(*Desmodium*)、美人蕉属(*Canna*)等。旧世界热带分布类型有 27 种不同的属，占总数的 4.54%，主要包括鹅绒藤属(*Cynanchum*)、南天竹属(*Nandina*)、簕竹属(*Bambusa*)、天门冬属(*Asparagus*)等。热带亚洲到热带大洋洲分布类型有 15 属，占总数的 2.52%，主要包括女贞属(*Ligustrum*)、紫薇属(*Lagerstroemia*)、结缕草属(*Zoysia*)等。热带亚洲到热带非洲分布类型有 9 属，占总数的 1.51%，主要有构属(*Broussonetia*)、芒属(*Miscanthus*)、海漆属(*Excoecaria*)等。热带亚洲分布类型包括 18 属，占总数的 3.03%，主要包括枇杷属(*Eriobotrya*)、蛇莓属(*Duchesnea*)、山茶属(*Camellia*)、棕竹属(*Rhapis*)等。

温带分布的植物共有 307 属，占总数的 51.60%。其中，北温带分布类型有 120 属，占总数的 20.17%。这一分布类型属的数量在各分布类型中是比例相对较大的，因其所覆盖地理区域的地理自然环境与徐州地区较为相近，所以植物类型较丰富，主要包括松属(*Pinus*)、杨属(*Populus*)、栎属(*Quercus*)、绣线菊属(*Spiraea*)、蔷薇属(*Rosa*)、梅属(*Mume*)、槭树属(*Acer*)等。东亚及北美间断分布类型有 44 属植物，占总数的 7.40%，主要包括胡枝子属(*Lespedeza*)、十大功劳属(*Mahonia*)、木兰属(*Magnolia*)、石楠属(*Photinia*)、木犀属(*Osmanthus*)等。旧世界温带分布类型主要包括火棘属(*Pyracantha*)、苜蓿属(*Medicago*)、鹅观草属(*Roegneria*)、菊属(*Dendranthema*)、梨属(*Pyrus*)、萱草属(*Hemerocallis*)等，有 55 属，占总数的 9.24%；温带亚洲分布类型共有11 属，占 1.85%，主要包括柳属(*Salix*)、米口袋属(*Gueldenstaedtia*)、马兰属(*Kalimeris*)、油芒属(*Eccoilopus*)等。地中海、西亚至中亚分布类型主要有常春藤属(*Hedera*)、石榴属(*Punica*)、菱属(*Trapa*)、迷迭香属(*Rosmarinus*)等，共有 19 属，占总数的 3.19%。中亚分布类型仅有 1 属，为角蒿属(*Incarvillea*)。东亚分布类型共有 57 属，占总数的 9.58%，主要有刚竹属(*Phyllostachys*)、山麦冬属(*Liriope*)、锦带花属(*Weigela*)、玉簪属(*Hosta*)等。

中国特有分布类型所包含的地理区域特征与温带分布类型中东亚分布类型有一定的相似性，这一分布类型中有 20 属，占总数的 3.36%，主要包括木瓜属(*Chaenomeles*)、盾果草属(*Thyrocarpus*)、栾树属(*Koelreuteria*)、无患子属(*Sapindus*)、金钱松属(*Pseudolarix*)等。

三、徐州地区园林植物区系组成

1. 徐州地区园林植物科的区系组成

通过对徐州地区公园、城市绿地等进行园林植物调查统计，对其科的区系组成进行分析。各区系所包含的园林植物科数及比例见表1-3，植物科的详细划分见附录。

表1-3　　徐州地区园林植物科的区系组成

分布类型	科数	占总科数的百分比
世界广布(1)	43	39.44%
泛热带分布(2)	32	29.36%
热带亚洲和热带美洲间断分布(3)	6	5.50%
旧世界热带分布(4)	2	1.83%
热带亚洲到热带大洋洲分布(5)	0	0.00%
热带亚洲到热带非洲分布(6)	0	0.00%
热带亚洲分布(7)	0	0.00%
北温带分布(8)	20	18.35%
东亚及北美间断分布(9)	2	1.83%
旧世界温带分布(10)	1	0.92%
温带亚洲分布(11)	0	0.00%
地中海、西亚至中亚分布(12)	1	0.92%
中亚分布(13)	0	0.00%
东亚分布(14)	1	0.92%
中国特有(15)	1	0.92%
小计	109	100.00%

在徐州地区的园林植物中，世界广布类型的植物共有43科，占总数的39.44%，主要有榆科、蔷薇科、豆科、禾本科、菊科、木犀科等。

热带分布类型的植物，共有41科，占总数的37.61%。其中，泛热带分布类型有32科，占总数的29.36%，主要有棕榈科、大戟科、无患子科、锦葵科、山茶科、石蒜科、鸢尾科、天南星科等；热带亚洲和热带美洲间断分布类型有6科，占总数的5.50%，包括冬青科、马鞭草科、五加科、安息香科等；旧世界热带分布类型仅有海桐科和芭蕉科2科；热带亚洲到热带非洲分布类型、热带亚洲到热带大洋洲分布与热带亚洲分布类型的科尚未发现。

温带分布类型的植物共有 25 科，占总数的 22.94%。其中，北温带分布类型共有 20 科，占总数的 18.35%，主要包括松科、杉科、杨柳科、壳斗科、槭树科、忍冬科、百合科等科；东亚及北美间断分布类型有木兰科和蜡梅科 2 科；旧世界温带分布类型仅包括柽柳科；地中海、西亚至中亚分布类型包括石榴科；东亚分布类型仅有银杏科 1 科；而温带亚洲分布与中亚分布类型的科未被使用。

中国特有分布类型的植物有 1 科，占总数的 0.92%，为杜仲科。

2. 徐州地区园林植物属的区系组成

对徐州地区园林植物属的区系组成进行分析研究，各区系所包含的园林植物属数及比例见表 1-4。

表 1-4　徐州地区园林植物属的区系组成

分布类型	属数	占总科数的百分比
世界广布(1)	33	10.15%
泛热带分布(2)	49	15.08%
热带亚洲和热带美洲间断分布(3)	18	5.54%
旧世界热带分布(4)	13	4.00%
热带亚洲到热带大洋洲分布(5)	15	4.62%
热带亚洲到热带非洲分布(6)	9	2.77%
热带亚洲分布(7)	8	2.46%
北温带分布(8)	57	17.54%
东亚及北美间断分布(9)	34	10.46%
旧世界温带分布(10)	20	6.15%
温带亚洲分布(11)	6	1.85%
地中海、西亚至中亚分布(12)	14	4.31%
中亚分布(13)	1	0.31%
东亚分布(14)	34	10.46%
中国特有(15)	14	4.31%
小计	325	100.00%

在徐州地区的园林植物中，世界广布类型的植物共有 33 属，占所有园林植物属总数的10.15%。这一分布类型主要包括大戟属(*Euphorbia*)、鼠尾草属

(*Salvia*)、藨草属(*Scirpus*)、芦苇属(*Phragmites*)、香蒲属(*Typha*)、珍珠菜属(*Lysimachia*)等。

热带分布的植物共有112属，占总数的34.47%。其中，泛热带分布类型有49属，占总数的15.08%，主要包括卫矛属(*Euonymus*)、冬青属(*Ilex*)、木槿属(*Hibiscus*)、柿属(*Diospyros*)、山桃草属(*Gaura*)、茉莉属(*Jasminum*)等；热带亚洲和热带美洲间断分布类型共有18属，主要包括龙舌兰属(*Agave*)、山蚂蟥属(*Desmodium*)、美人蕉属(*Canna*)等；旧世界热带分布类型有13属，占总数的4.00%，主要有鹅绒藤属(*Cynanchum*)、南天竹属(*Nandina*)、天门冬属(*Asparagus*)等；热带亚洲到热带大洋洲分布类型共有15属，占总数的4.62%，主要包括女贞属(*Ligustrum*)、芭蕉属(*Musa*)、紫薇属(*Lagerstroemia*)、结缕草属(*Zoysia*)等；热带亚洲到热带非洲分布类型共有9属，占总数的2.77%，主要有构属(*Broussonetia*)、芒属(*Miscanthus*)等；热带亚洲分布(印度、马来西亚)类型包括8属，主要包括枇杷属(*Eriobotrya*)、山茶属(*Camellia*)、棕竹属(*Rhapis*)等。

温带分布的植物共有166属，占总数的51.08%。其中，北温带分布类型共有57属，占总数的17.54%，主要包括松属(*Pinus*)、栎属(*Quercus*)、绣线菊属(*Spiraea*)、蔷薇属(*Rosa*)、槭树属(*Acer*)等；东亚及北美间断分布类型共有34属植物，主要包括胡枝子属(*Lespedeza*)、木兰属(*Magnolia*)、石楠属(*Photinia*)、木犀属(*Osmanthus*)等；旧世界温带分布类型主要包括火棘属(*Pyracantha*)、苜蓿属(*Medicago*)、鹅观草属(*Roegneria*)、菊属(*Dendranthema*)、梨属(*Pyrus*)等，共有20属，占总数的6.15%；温带亚洲分布类型共有6属；地中海、西亚至中亚分布类型主要有常春藤属(*Hedera*)、石榴属(*Punica*)、菱属(*Trapa*)等，共有14属，占总数的3.57%；中亚分布类型共有1属；东亚分布类型共有34属，占总数的10.46%，主要有刚竹属(*Phyllostachys*)、山麦冬属(*Liriope*)、锦带花属(*Weigela*)等。

中国特有分布类型植物共有14属，占总数的4.31%，主要包括木瓜属(*Chaenomeles*)、箬竹属(*Indocalamus*)、栾树属(*Koelreuteria*)、金钱松属(*Pseudolarix*)等。

四、徐州地区森林野生植物区系组成

1. 徐州地区森林野生植物科的区系组成

对徐州地区部分森林公园、自然植物群落等进行调查统计，对森林野生植物科的区系组成进行分析。各区系所包含的森林野生植物科数及比例见表1-5。

表 1-5　徐州地区森林野生植物科的区系组成

分布类型	科数	占总科数的百分比
世界广布(1)	49	41.53%
泛热带分布(2)	35	29.66%
热带亚洲和热带美洲间断分布(3)	7	5.93%
旧世界热带分布(4)	2	1.69%
热带亚洲到热带大洋洲分布(5)	0	0.00%
热带亚洲到热带非洲分布(6)	0	0.00%
热带亚洲分布(7)	0	0.00%
北温带分布(8)	18	15.25%
东亚及北美间断分布(9)	4	3.39%
旧世界温带分布(10)	0	0.00%
温带亚洲分布(11)	0	0.00%
地中海、西亚至中亚分布(12)	1	0.85%
中亚分布(13)	0	0.00%
东亚分布(14)	1	0.85%
中国特有(15)	1	0.85%
小计	118	100.00%

在徐州地区的森林野生植物中，世界广布类型的植物共有 49 科，占总数的 41.53%，主要有榆科、十字花科、蔷薇科、豆科、木犀科、禾本科、菊科、玄参科等。

热带分布类型的植物，共有 44 科，占总数的 37.28%。其中，泛热带分布类型共有 35 科，占总数的 29.66%，主要有大戟科、卫矛科、锦葵科、山茶科、石蒜科、鸢尾科等；热带亚洲和热带美洲间断分布类型有 7 科，占总数的 5.93%；旧世界热带分布类型共有 2 科，包括海桐科和芭蕉科；而热带亚洲到热带大洋洲分布、热带亚洲到热带非洲分布与热带亚洲分布类型的科未被发现。

温带分布类型的植物共有 24 科，占总数的 20.34%。其中，北温带分布类型共有 18 科，占总数的 15.25%，主要包括松科、杉科、柏科、杨柳科、槭树科、忍冬科、百合科等；东亚及北美间断分布类型有木兰科、蜡梅科、蓝果树科和三白草科；地中海、西亚至中亚分布类型包括石榴科；东亚分布类型仅有银杏科1 科；而旧世界温带分布、温带亚洲分布与中亚分布类型的科未被发现。

中国特有分布类型的植物有 1 科，占总数的 0.85%，为杜仲科。

2. 徐州地区森林野生植物属的区系组成

对徐州地区森林野生植物属的区系组成进行分析研究，各分布类型所包含的森林野生植物属数及比例见表1-6。

表1-6　　徐州地区森林野生植物属的区系组成

分布类型	属数	占总科数的百分比
世界广布(1)	57	13.19%
泛热带分布(2)	78	18.06%
热带亚洲和热带美洲间断分布(3)	11	2.55%
旧世界热带分布(4)	20	4.63%
热带亚洲到热带大洋洲分布(5)	12	2.78%
热带亚洲到热带非洲分布(6)	4	0.93%
热带亚洲分布(7)	14	3.24%
北温带分布(8)	88	20.37%
东亚及北美间断分布(9)	27	6.25%
旧世界温带分布(10)	45	10.42%
温带亚洲分布(11)	10	2.31%
地中海、西亚至中亚分布(12)	6	1.39%
中亚分布(13)	1	0.23%
东亚分布(14)	44	10.19%
中国特有(15)	15	3.47%
小计	432	100.00%

在徐州地区的森林野生植物中，世界广布类型的植物共有57属，占所有植物属的13.19%。这一分布类型主要包括悬钩子属(*Rubus*)、大戟属(*Euphorbia*)、堇菜属(*Viola*)、藨草属(*Scirpus*)、拉拉藤属(*Galium*)、香蒲属(*Typha*)、珍珠菜属(*Lysimachia*)等。

热带分布的植物共有139属，占总数的32.18%。其中，泛热带分布类型共有78属，占总数的18.06%，主要包括朴属(*Celtis*)、画眉草属(*Eragrostis*)、冬青属(*Ilex*)、薯蓣属(*Dioscorea*)、柿属(*Diospyros*)、稗属(*Echinochloa*)、茉莉属(*Jasminum*)等；热带亚洲和热带美洲间断分布类型共有11属，占总数的2.55%，主要包括山蚂蟥属(*Desmodium*)、美人蕉属(*Canna*)等；旧世界热带分布类型有20属，占总数的4.63%，主要有鹅绒藤属(*Cynanchum*)、荩草属(*Arthraxon*)、天门冬属(*Asparagus*)等；热带亚洲到热带大洋洲分布类型共有

12 属，占总数的 2.78%，主要包括女贞属(*Ligustrum*)、通泉草属(*Mazus*)、紫薇属(*Lagerstroemia*)、结缕草属(*Zoysia*)等；热带亚洲到热带非洲分布类型共有4 属，占总数的 0.93%，主要有构属(*Broussonetia*)、芒属(*Miscanthus*)等；热带亚洲分布类型包括 14 属，占总数的 3.24%，主要包括枇杷属(*Eriobotrya*)、山茶属(*Camellia*)、棕竹属(*Rhapis*)、蛇莓属(*Duchesnea*)等。

温带分布的植物共有 221 属，占总数的 51.16%。其中，北温带分布类型有 88 属，占总数的 20.37%，主要包括蔷薇属(*Rosa*)、栎属(*Quercus*)、绣线菊属(*Spiraea*)、李属(*Prunus*)、槭树属(*Acer*)等；东亚及北美间断分布类型有27 属，占总数的 6.25%，主要包括胡枝子属(*Lespedeza*)、木兰属(*Magnolia*)、爬山虎属(*Parthenocissus*)、石楠属(*Photinia*)、鸡眼草属(*Kummerowia*)等；旧世界温带分布类型共有 45 属，占总数的 10.42%，主要包括火棘属(*Pyracantha*)、苜蓿属(*Medicago*)、鹅观草属(*Roegneria*)、菊属(*Dendranthema*)、梨属(*Pyrus*)等；温带亚洲分布类型共有 10 属，占总数的 2.31%；地中海、西亚至中亚分布类型共有 6 属，占总数的 1.39%，主要有常春藤属(*Hedera*)、菱属(*Trapa*)等；中亚分布类型的植物有 1 属，占总数的 0.23%；东亚分布类型的植物共有 44 属，占总数的 10.19%，主要有紫堇属(*Corydalis*)、刚竹属(*Phyllostachys*)、刺儿菜属(*Cirsium*)、山麦冬属(*Liriope*)、斑种草属(*Bothriospermum*)等。

中国特有分布类型植物共有 15 属，占总数的 3.47%，主要包括蜡梅属(*Chimonanthus*)、木瓜属(*Chaenomeles*)、箬竹属(*Indocalamus*)、栾树属(*Koelreuteria*)、金钱松属(*Pseudolarix*)等。

第二章　徐州地区珍稀濒危保护植物及其保护对策

植物在自然进化历程中遵循着既有新生又有灭绝的自然规律。然而，人口剧增加剧了对植物资源的消耗，尤其是不合理的开发导致生态环境迅速退化，严重威胁着与人类息息相关的生物多样性。生物物种的灭绝速率比其自然过程加快了约 1 000 倍，一种植物灭绝就会引起 10～30 种其他生物的丢失。因此，加强植物物种资源的保育，延缓物种的灭绝已刻不容缓，对人类的生存延续有着极其重要的意义。特别是地方特有植物或正处于濒临灭绝的珍稀濒危植物物种的保育更显紧迫。一旦某物种的最后个体从地球上消失，其携带的相关基因和其他信息也随之消亡，带给人类的将是不可逆转的损失，甚至是灾乱。

徐州地区植物区系具有明显的南北过渡性特点。其珍稀濒危植物具有很高的科学价值：它们是研究植物起源、系统进化的有力证据和植物遗传育种的珍贵材料。很多珍稀濒危植物具有很高的观赏价值和巨大的经济价值。因此对徐州市珍稀濒危植物的研究和保护利用已是一项非常紧迫的任务。

第一节　珍稀濒危保护植物的确定原则

经过对徐州市维管植物的分布、生境、用途等的全面调查和综合分析，结合《中国珍稀濒危保护植物名录》《中国植物红皮书》《国际植物保护公约》《江苏珍稀植物图鉴》等文献资料，以下提出确定徐州市珍稀濒危植物的基本原则：

(1) 徐州植物区系中已列入国家级珍稀濒危保护植物名录中的种类。

(2) 在经济或药用上有特殊价值或在科学研究中具有重要意义的贵重植物。

(3) 徐州市为其达到或接近自然分布区边缘的种类，且种群数量低、生存能力弱，已经或将会受到自然的或人为的各种威胁。

(4) 在周围地区分布较广，在徐州境内也并非稀有，但受到严重的破坏（人为或自然因素)，种群数量明显减少，分布区逐渐缩小，如不保护就会处于濒危或渐危的植物。

(5) 长期生活于某种特殊生境中且演化为徐州市的特有种，或因为地质历史和气候变迁等原因，仅存留在某一特殊生境的残遗植物，间断分布种类，而且上述种类的个体量很少，又极为罕见。

第二节　珍稀濒危植物保护等级的划分

依据上述确定的珍稀濒危保护植物原则，以下将徐州市的珍稀濒危保护植物划分为三个保护等级：

(1) 一级保护植物。一级保护植物是指徐州境内分布，在我国生物多样性保护中具有重要意义，狭域分布的物种、孑遗种类、极小种群的物种，并已列为国家级珍稀濒危保护植物种类。

(2) 二级保护植物。二级保护植物是指在徐州境内少量存在，国家特有种或江苏省重点保护植物。这些植物的种群数量极低，在徐州境内已处于濒危、极危和渐危状态，而且具有极重要的社会文化和经济价值。

(3) 三级保护植物。三级保护植物是徐州境内少量存在，徐州市为其分布的北部边缘或江苏省保护的药用植物。这类植物种群数量少、已经或将会受到自然的或人为的各种威胁，若不保护将会使其分布区缩小，数量减少，甚至濒危或绝种。

第三节　珍稀濒危植物的保护对策

珍稀濒危植物是国家的宝贵资源。珍稀濒危植物保护是生物多样性保护的一个重要方面，而生物多样性保护就是保护人类赖以生存的物质基础。它不仅是实现生物可持续利用的一个重要方面，同时对促进国民经济持续快速发展及社会进步有着十分重要意义。下面针对当地珍稀濒危植物的分布状态、濒危原因提出如下保护对策。

1. 加强宣传教育作用，提高公民保护珍稀濒危物种的自觉性

加大对珍稀濒危植物保护的宣传教育力度，把保护珍稀濒危植物变为全民的自觉行动，使保护植物资源光荣、破坏植物资源可耻成为全社会的共识。要结合实际，不失时机地利用各种宣传媒体广泛宣传，让公众了解植物保护的意义，把植物多样性保护列入学校正规教育内容。总之，要通过各种途径使公众

提高保护意识，明确保护的最终目的就是持续利用。

2. 加强珍稀濒危植物的调研工作，制定科学的优先保护规划

有计划地组织有关技术人员对徐州境内珍稀濒危植物的种类、数量及分布进行详细调查，为珍稀濒危植物的保护提供科学依据。

根据珍稀濒危植物种类及分布特点，制定切实可行的分级保护规划，以达到利用有限的投入保护最多、最有价值物种，确保徐州境内珍稀濒危物种资源得到有效保护。

3. 在珍稀濒危植物集中分布区建立自然保护区

实践证明，建立自然保护区是保护珍稀濒危植物最有效的途径和最成功的方法。根据所列濒危植物的分布状况，对那些特别珍贵的一、二级保护植物应优先建立自然保护区，对分布在保护区和关键区域以外的植物小种群物种建立保护点或保护小区，配专人保护，给它们一个适宜的生境。上述皆是抢救这些濒危物种和保护生物多样性的最有效措施。

4. 开展迁地保护，建立引种栽培基地

对于某些极危种或数量偏少、在自然状态下种群数量难以恢复或仍在下降的种类，要立即采取迁地保护的办法进行繁育与研究。通过人工栽培繁育扩大种群数量，然后在原产地重新栽植返回大自然。对经济价值高、社会意义大的珍稀濒危植物，要逐步实现人工繁育和引种驯化。应创造必要条件，选择自然条件良好，有一定生产管理水平的植物园、树木园或林场、苗圃作为珍稀濒危植物的栽培基地，建立珍稀濒危植物种质资源库。

5. 科学保护、合理利用珍稀植物

大部分珍稀濒危植物是可直接利用的经济植物，其用途包括食用、医药、观赏、环保、工业、育种等。应根据每种植物不同的利用特点，扩大资源量，增加资源经济效益。在保护的同时，合理利用、发挥珍稀濒危植物的特殊功能。

6. 广泛深入地开展科学研究

在对徐州地区植物区系和植被类型细致研究的基础上，根据珍稀濒危植物名录，进一步对各种珍稀濒危植物的生物学与生态学特性、种群和群落特征、细胞和遗传特性、胚胎和植物化学、组织生理和形态等进行多学科的研究，探索其濒危原因和过程，制定合理的保护措施和利用方式及强度。

7. 建立珍稀濒危植物的管理档案

在深入调查和加强管理的基础上，对徐州境内各类珍稀濒危植物建立管理档案及资料储存系统，对其产地、生境、种群数量、天然更新状况、损坏及减少原因等进行定期调查登记，对重要珍稀濒危植物的数量消长进行监视，建立必要

的珍稀濒危植物数据库，研究植物多样性的信息网络及动态监测技术，建立监测网络，探索其有效保护的途径。对重要植物种类要责成有关单位或基层政府立碑、挂牌登记、编号管理，以实现有效保护。

第三章　徐州地区珍稀濒危保护植物各论

第一节　一级保护植物

一、水杉

拉丁名：*Metasequoia glyptostroboides*　Hu et Cheng

【分类】

裸子植物，杉科 Taxodiaceae　水杉属 *Metasequoia*

【别名】

活化石、水松、水杪、梳子杉

【形态特征】

乔木，高达 35 米，胸径达 2.5 米；树干基部常膨大；树皮灰色、灰褐色或暗灰色，幼树裂成薄片脱落，大树裂成长条状脱落，内皮淡紫褐色；枝斜展，小枝下垂，幼树树冠尖塔形，老树树冠广圆形，枝叶稀疏；1 年生枝光滑无毛，幼时绿色，后渐变成淡褐色，2、3 年生枝淡褐灰色或褐灰色；侧生小枝排成羽状，长 4～15 厘米，冬季凋落；主枝上的冬芽卵圆形或椭圆形，顶端钝，长约 4 毫米，直径为 3 毫米，芽鳞宽卵形，先端圆或钝，长宽几相等，2～2.5 毫米，边缘薄而色浅，背面有纵脊。叶条形，长 0.8～3.5（通常 1.3～2）厘米，宽 1～2.5（通常 1.5～2）毫米，上面淡绿色，下面色较淡，沿中脉有两条较边带稍宽的淡黄色气孔带，每带有 4～8 条气孔线，叶在侧生小枝上列成二列，羽状，冬季与枝一同脱落。球果下垂，近四棱状球形或矩圆筒形，成熟前绿色，熟时深褐色，长 1.8～2.5 厘米，直径为 1.6～2.5 厘米，梗长 2～4 厘米，其上有交叉对生的条形叶；种鳞木质，盾形，通常 11～12 对，交叉对生，鳞顶扁菱形，中央有一条横槽，基部楔形，高 7～9 毫米，能育种鳞有 5～9 粒种子；种子扁平，倒卵形，间或圆形或矩圆形，周围有翅，先端凹缺，长 5 毫米，直径为 4 毫米；子叶 2 枚，条形，长 1.1～1.3 厘米，宽 1.5～2 毫米，两面中脉微隆起，上面有气孔线，下面无气孔线；初生叶条形，交叉对生，长 1～1.8 厘米，下面有气孔线。花期 2 月下旬，球果 11 月成熟。水杉形态见图 3-1。

1—球果枝；2—球果；3—种子；4—雄球花枝；
5—雌球花；6～7—雄蕊背、腹面。
图 3-1 水杉 *Metasequoia glyptostroboides* Hu et Cheng
［资料来源：《中国植物志》（第七卷），第 311 页］

【生境】

喜气候温暖湿润，夏季凉爽，冬季有雪而不严寒，年平均温度在 13 ℃，极端最低温－8 ℃，极端最高温 24 ℃左右，无霜期 230 天；年降水量 1 500 毫米，年平均相对湿度 82%。土壤为酸性山地黄壤、紫色土或冲积土，pH 值4.5～5.5。

多生于山谷或山麓附近地势平缓、土层深厚、湿润或稍有积水的地方，耐寒性强，耐水湿能力强，在轻盐碱地可以生长。根系发达，生长的快慢常受土壤水分的支配，在长期积水、排水不良的地方生长缓慢，树干基部通常膨大和有纵棱。

【生态地理分布】

徐州地区是江苏省最早栽培水杉的地区之一。水杉作为造林树种和城市园林绿化树种，广布于风景林地、河湖水体滨岸、城市道路及公园绿地、单位居住区等附属绿地，均为栽培种，没有自然分布种。

国内野生群落仅分布于四川石柱县、湖北利川市、湖南西北部龙山及桑植等地，海拔750～1 500米、气候温和、夏秋多雨、酸性黄壤土地区。在河流两旁、湿润山坡及沟谷中栽培很多，也有少数野生树木，常与杉木、茅栗、锥栗、枫香、漆树、灯台树、响叶杨等树种混生。

水杉对环境条件的适应性较强。我国各地普遍引种，北至辽宁草河口、辽东半岛，南至广东广州，东至江苏、浙江，西至云南昆明、四川成都、陕西武功。

【濒危原因】

作为徐州地区造林树种和重要的园林树种，多以纯林为主，造成水杉群落结构纯化，各类灾害也相继不同程度发生。除来自人为的直接破坏外，间接危害和自然灾害如洪涝、虫害、大气污染和雷击等已成为危害水杉生境的重要因素。

【保护价值】

水杉素有“活化石”之称，它对于古植物、古气候、古地理和地质学以及裸子植物系统发育的研究均有重要的意义。此外，水杉树形优美，树干高大通直，生长快，是亚热带地区平原绿化和城市园林绿化的优良树种；水杉边材白色，心材褐红色，材质轻软，纹理直，可供房屋建筑、板料、电杆、家具及木纤维工业原料等用。

【保护对策】

水杉天然更新弱，应特别注意保护幼苗，促进其自然繁殖、生长；保护成熟的种群及其环境；建设一定的水杉与落叶阔叶林的混交林保护区，保持水杉的生态优势。

【保护级别】

水杉为我国一级保护植物，本书建议划定为徐州地区一级保护种。

【栽培要点】

用播种和扦插法繁殖。

播种繁殖：球果成熟后即采种，经过暴晒，筛出种子，干藏。春季3月份播种。亩播种量0.75～1.5千克，采用条播（行距20～25厘米）或撒播，播后覆草不宜过厚，需经常保持土壤湿润。

扦插繁殖：采用硬枝扦插和嫩枝扦插均可。

二、银杏

拉丁名：*Ginkgo biloba* L.

【分类】

裸子植物，银杏科 Ginkgoaceae　　银杏属 *Ginkgo*

【别名】

白果、公孙树、白果树、白果叶、鸭脚树

【形态特征】

乔木，高可达40米，胸径可达4米；幼树树皮浅纵裂，大树之皮呈灰褐色，深纵裂，粗糙；幼年及壮年树冠圆锥形，老则广卵形；枝近轮生，斜上伸展（雌株的大枝常较雄株开展）；1年生的长枝淡褐黄色，2年生以上变为灰色，并有细纵裂纹；短枝密被叶痕，黑灰色，短枝上亦可长出长枝；冬芽黄褐色，常为卵圆形，先端钝尖。叶扇形，有长柄，淡绿色，无毛，有多数叉状并列细脉，顶端宽5～8厘米，在短枝上常具波状缺刻，在长枝上常2裂，基部宽楔形，柄长3～10（多为5～8）厘米；叶在1年生长枝上螺旋状散生，在短枝上3～8叶呈簇生状，秋季落叶前变为黄色。球花雌雄异株，单性，生于短枝顶端的鳞片状叶的腋内，呈簇生状；雄球花葇荑花序状，下垂，雄蕊排列疏松，具短梗，花药常2个，长椭圆形，药室纵裂；雌球花具长梗，梗端常分两叉，稀3～5叉或不分叉，每叉顶生一盘状珠座，胚珠着生其上，通常仅一个叉端的胚珠发育成种子，风媒传粉。种子具长梗，下垂，常为椭圆形、长倒卵形、卵圆形或近圆球形，长2.5～3.5厘米，径为2厘米，外种皮肉质，熟时黄色或橙黄色，外被白粉，有臭味；中种皮白色，骨质，具2～3条纵脊；内种皮膜质，淡红褐色；胚乳肉质，味甘略苦；花期3—4月，种子9—10月成熟。银杏的形态见图3-2。

【生境】

银杏为喜光树种，深根性，对气候、土壤的适应性较宽，能在高温多雨及雨量稀少、冬季寒冷的地区生长，但生长缓慢或不良；能生于酸性土壤、石灰性土壤及中性土壤上，但不耐盐碱土及过湿的土壤。在海拔1 000（云南1 500～2 000）米以下，气候温暖湿润，年降水量700～1 500毫米，土层深厚、肥沃湿润、排水良好的地区生长良好，在土壤瘠薄干燥、多石山坡及过度潮湿的地方则生长不良。

【生态地理分布】

徐州地区银杏栽培历史悠久，邳州四户镇白马寺古银杏树龄已有1 500余年，此外尚有千年古银杏树12棵；山地、平原、城区广有分布。

银杏系我国特有树种，仅浙江天目山有野生状态的树木，生于海拔500～1 000米、酸性黄壤、排水良好地带的天然林中，常与柳杉、榧树、蓝果树等针叶树、阔叶树种混生，生长旺盛。银杏的栽培区甚广，北自东北沈阳，南达广州，东

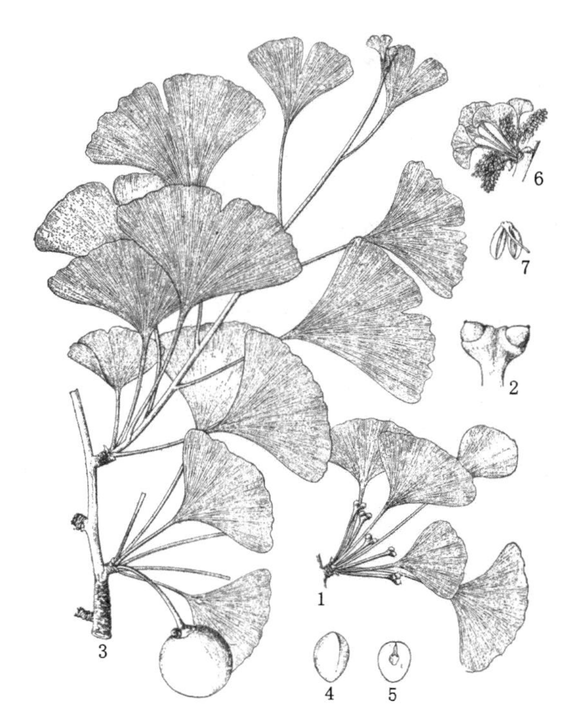

1—雌球花枝;2—雌球花上端;3—长短枝及种子;4—去外皮的种子;
5—去外、中种皮的种子纵切面;6—雄球花枝;7—雄蕊。

图 3-2 银杏 *Ginkgo biloba* L.

[资料来源:《中国植物志》(第七卷),第 21 页]

起华东海拔 40～1 000 米地带,西南至贵州、云南西部(腾冲)海拔 2 000 米以下地带均有栽培。

【濒危原因】

徐州地区银杏资源丰富,栽植量大,濒危程度逐渐降低。

【保护价值】

银杏具有许多原始性状,对研究裸子植物系统发育、古植物区系、古地理及第四纪冰川气候有重要价值;叶形奇特而古雅,是优美的庭园观赏树和优良的抗污染树种;种子作干果。叶、种子还可作药用。

【保护对策】

加强现有古树资源的保护,保护好自然状态下的种群个体及其生长环境,让其种群很好地自然繁衍。

【保护级别】

银杏为我国二级保护植物，本书建议划定为徐州一级保护植物。

【栽培要点】

银杏繁殖技术包括扦插繁殖、播种繁殖、嫁接繁殖和分蘖繁殖。

扦插繁殖：扦插繁殖分为老枝扦插和嫩枝扦插，老枝扦插适用于大面积绿化用苗的繁育，嫩枝扦插适用于家庭或园林单位少量用苗的繁育。老枝扦插一般是在春季3—4月，嫩枝扦插是在5月下旬—6月中旬。

播种繁殖：播种繁殖多用于大面积绿化用苗。播种时，将种子胚芽横放在播种沟内，播后覆土3～4厘米厚并压实，幼苗当年可长至15～25厘米高。

嫁接繁殖：在5月下旬—8月上旬均可进行绿枝嫁接，但在高温干旱的天气条件下不能嫁接，尤其是晴天的中午不可嫁接，同时也要避开雨天嫁接。

分株繁殖：分株繁殖一般用来培育砧木和绿化用苗。

三、翠柏

拉丁名：*Calocedrus macrolepis* Kurz

【分类】

裸子植物，柏科 Cupressaceae　　翠柏属 *Calocedrus*

【别名】

长柄翠柏、肖楠、香翠柏、粉柏、翠蓝柏、山柏树

【形态特征】

高达30～35米，胸径1～1.2米；树皮红褐色、灰褐色或褐灰色，幼时平滑，老则纵裂；枝斜展，幼树树冠呈尖塔形，老树则呈广圆形；小枝互生，两列状，生鳞叶的小枝直展、扁平、排成平面，两面异形，下面微凹。鳞叶两对交叉对生，成节状，小枝上下两面中央的鳞叶扁平，露出部分楔状，先端急尖，长3～4毫米，两侧之叶对折，与中央之叶几相等长，较中央之叶的上部为窄，先端微急尖，直伸或微内曲，小枝下面之叶微被白粉或无白粉。雌雄球花分别生于不同短枝的顶端，雄球花矩圆形或卵圆形，长3～5毫米，黄色，每一雄蕊具3～5(通常4)个花药。着生雌球花及球果的小枝圆柱形或四棱形，或下部圆上部四棱形，长3～17毫米，其上着生6～24对交叉对生的鳞叶，鳞叶背部拱圆或具纵脊；球果矩圆形、椭圆柱形或长卵状圆柱形，熟时红褐色，长1～2厘米；种鳞3对，木质，扁平，外部顶端之下有短尖头，最下一对形小，长约3毫米，最上一对结合而生，仅中间一对各有2粒种子；种子近卵圆形或椭圆形，微扁，长约6毫米，暗褐色，上部有两个大小不等的膜质翅，长翅连同种子几与中部种鳞等长；子叶2，条形，长5～7毫米，宽1.5～1.8毫米，初生叶条状刺形，长5～7毫米，宽不及1毫米，下

面无白粉，初为交叉对生，后为4叶轮生。翠柏的形态见图3-3。

1—球果与鳞叶枝；2—鳞叶枝；3—球果；4—种子。

图3-3　翠柏 *Calocedrus macrolepis* Kurz

（资料来源：《中国珍稀濒危植物》，第16页）

【生境】

喜光，耐湿、耐寒性差，喜石灰质肥沃土壤。

【生态地理分布】

翠柏在徐州地区少量分布于泉山、艾山等低山丘陵地区，尚未发现有成片分布的林地。

自然分布于中国云南昆明、易门、龙陵、禄丰、石屏、元江、墨江、思茅等地海拔1 000～2 000米地带，成小面积纯林或散生于林内，或为人工纯林；贵州（三都）、广西（靖西）及海南岛（海南岛五指山、佳西岭）亦有散生林木。

【濒危原因】

种群数量少，生境破碎化，自我繁殖能力弱，人工繁殖及栽培不足，不利于物种的进一步拓展。

【保护价值】

翠柏为翠柏属仅有的两个古老残遗种之一，对研究亚热带、热带区系及其古地理、古气候具有重要价值；翠柏材质纹理直，结构细，有香气，有光泽，耐久用，可供建筑、桥梁、板材、家具等用，亦为庭园树种。翠柏生长快，常绿，可作为造林树种、城镇绿化与庭园观赏树种。

【保护对策】

应注意保护现有种群及其生长环境，使其不受砍伐破坏；通过人工采种繁育，在适宜生境中栽种扩大其分布面积。

【保护级别】

翠柏为我国二级保护植物，本书建议划定为徐州一级保护植物。

【栽培要点】

一般使用播种或扦插繁殖。

四、金钱松

拉丁名：*Pseudolarix amabilis* (Nelson) Rehd.

【分类】

裸子植物，松科 Pinaceae　　金钱松属 *Pseudolarix*

【别名】

金松、水树、金树、落叶松、金叶松

【形态特征】

乔木，高可达 40 米，胸径达 1.5 米；树干通直，树皮粗糙，灰褐色，裂成不规则的鳞片状块片；枝平展，树冠呈宽塔形；1 年生长枝淡红褐色或淡红黄色，无毛，有光泽，2、3 年生枝淡黄灰色或淡褐灰色，稀淡紫褐色，老枝及短枝呈灰色、暗灰色或淡褐灰色；矩状短枝生长极慢，有密集成环节状的叶枕。叶条形，柔软，镰状或直，上部稍宽，长 2～5.5 厘米，宽 1.5～4 毫米(幼树及萌生枝之叶长达 7 厘米，宽 5 毫米)，先端锐尖或尖，上面绿色，中脉微明显，下面蓝绿色，中脉明显，每边有 5～14 条气孔线，气孔带较中脉带为宽或近于等宽；长枝之叶辐射伸展，短枝之叶簇状密生，平展成圆盘形，秋后叶呈金黄色。雄球花黄色，圆柱状，下垂，长 5～8 毫米，梗长 4～7 毫米；雌球花紫红色，直立，椭圆形，长约 1.3 厘米，有短梗。球果卵圆形或倒卵圆形，长 6～7.5 厘米，径 4～5 厘米，成熟前绿色或淡黄绿色，熟时淡红褐色，有短梗；中部的种鳞卵状披针形，长 2.8～3.5 厘米，基部宽约 1.7 厘米，两侧耳状，先端钝有凹缺，腹面种翅痕之间有纵脊凸起，脊上密生短柔毛，鳞背光滑无毛；苞鳞长为种鳞的 1/4～1/3，卵状披针形，边缘有细齿；种子卵圆形，白色，长约 6 毫米，种翅三角状披针形，淡黄色或淡褐黄色，上面有光泽，连同种子几乎与种鳞等长。花期 4 月，球果 10 月成熟。金钱松的形态见图 3-4。

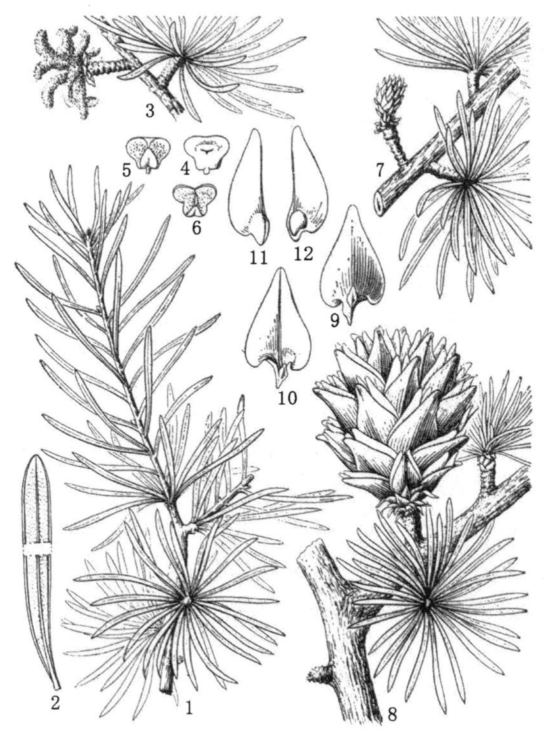

1—长、短枝及叶；2—叶的下面；3—雄球花枝；4～6—雄蕊；
7—雌球花枝；8—球果枝；9—种鳞背面及苞鳞；10—种鳞腹面；11～12—种子。

图 3-4　金钱松 *Pseudolarix amabilis* (Nelson) Rehd.

［资料来源：《中国植物志》(第七卷)，第 199 页］

【生境】

金钱松生长较快，喜生于温暖、多雨、土层深厚、肥沃、排水良好的酸性土山区。金钱松喜光，初期稍耐荫蔽，以后需光性增强。金钱松适宜生于年均温度 15.0～18.0 ℃，绝对最低温度不到 −10 ℃的地区。

【生态地理分布】

徐州地区零星分布于泉山、大洞山、艾山等风景区。

金钱松为我国特有树种，产于江苏南部、浙江、安徽南部、福建北部、江西、湖南、湖北利川至四川万县交界地区，在海拔 100～1 500 米地带散生于针叶树、阔叶树林中。金钱松在江西庐山、江苏南京等地也有栽培。

【濒危原因】

残存个体稀少，分布零星，加上人为破坏，使金钱松生存环境受到严重威胁，资源日渐减少；林下生长的灌木、草本植物对金钱松幼苗的自然生长可构成威胁；金钱松结籽有大小年之分，一般 3～5 年丰产一次，由此对其大量繁殖有明显影响。

【保护价值】

金钱松为著名的古老残遗植物、材用树种、药用植物。由于气候的变迁，尤其是更新世的大冰期的来临，各地的金钱松灭绝，只在我国长江中下游少数地区幸存下来，繁衍至今。因分布零星，个体稀少，结实有明显的间歇，而亟待保护。同时，金钱松是我国特有的单种属植物，对研究松科的系统发育有一定科学意义。金钱松树干通直，冠形优美，入秋叶色转为金色，十分壮观，是著名的造林树种和庭园观赏树种。

【保护对策】

选择自然条件适宜的地方对金钱松进行迁地保存，同时开展其遗传学、细胞学、育种、栽培方面的深入研究，加强对其生殖生物学的研究，尽快弄清造成其结子丰年间隔期长的机理，以便采取相应的辅助措施，增加种子产量。鼓励在造林、城镇绿化等生产实践中引种栽培，既供观赏，又便于进行各种科学研究。

【保护级别】

金钱松为我国二级保护植物，本书建议划定为徐州一级保护植物。

【栽培要点】

扦插或播种繁殖。采种应选 20 龄以上生长旺盛的母树。在球果尚未充分成熟时要及早采收，若采收晚了，种子伴随种鳞一起脱落。育苗地应先掺入金钱松林下土壤，以便使菌根带入，2 月上旬—3 月上旬播种，播前将种子放入温水中浸一昼夜，条播或撒播，每亩播种量 12 千克，播后用有菌根的土覆盖，以不见种子为度。移植宜在萌芽前进行，应注意保护并多带菌根。扦插利用 10 年生以下幼树枝条扦插，成活率可达 70%。

五、莼菜

拉丁名：*Brasenia schreberi* J. F. Gmel.

【分类】

被子植物，睡莲科 Nymphaeaceae　　莼属 *Brasenia*

【别名】

水案板、水葵、马栗草

【形态特征】

多年生水生草本；根状茎具叶及匍匐枝，后者在节部生根，并生具叶枝条及其他匍匐枝。叶椭圆状矩圆形，长 3.5～6 厘米，宽 5～10 厘米，下面蓝绿色，两面无毛，从叶脉处皱缩；叶柄长 25～40 厘米，和花梗均有柔毛。花直径 1～2 厘米，暗紫色；花梗长 6～10 厘米；萼片及花瓣条形，长 1～1.5 厘米，先端圆钝；花药条形，约长 4 毫米；心皮条形，具微柔毛。坚果矩圆卵形，有 3 个或更多成熟心皮；种子 1～2 粒，卵形。花期 6 月，果期 10—11 月。莼菜的形态见图 3-5。

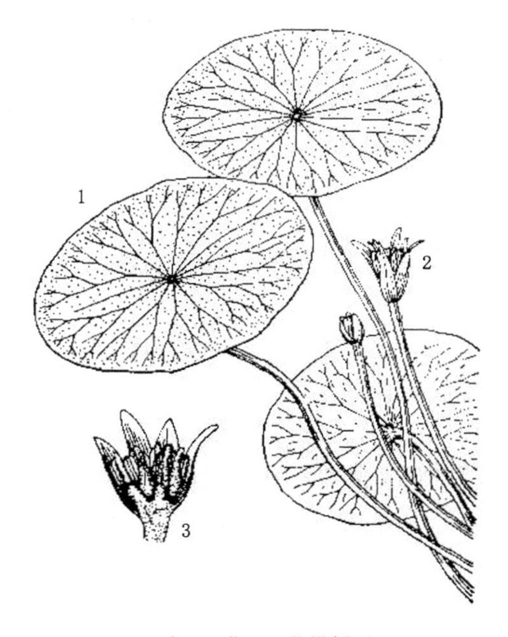

1—叶；2—花；3—花纵剖面。

图 3-5 莼菜 *Brasenia schreberi* J. F. Gmel.

[资料来源：《中国植物志》(第二十七卷)，第 5 页]

【生境】

莼菜生于池塘湖沼，生长适宜温度为 20～30 ℃，在水质清洁、土壤肥沃、水深 20～60 厘米的水域中生长良好，水面温度达 40 ℃时生长缓慢，气温低于 15 ℃时生长逐渐停止，同化产物向茎中储藏和运输，休眠芽形成。遇霜冻则叶片和部分水中茎枯死，以地下茎和留存的水中茎越冬。

【生态地理分布】

莼菜主要分布于骆马湖、微山湖及部分水域中。

在北纬30°以南地区分布广泛。国内主要分布在中国云南、四川、湖南、湖北、江西、浙江和江苏等地。

【濒危原因】

由于多年未做有效的品种提纯复壮和品种保护，莼菜种性退化已经比较严重，质量和数量逐年下降。

【保护价值】

莼菜是珍贵的野生水生蔬菜，含有酸性多糖、蛋白质、氨基酸、维生素、组胺和微量元素等，具有较高的食用价值。莼菜还具有清热、利水、消肿、解毒的功效，具有较高的药用价值。

【保护对策】

加强品种提纯复壮和品种保护工作；加强人工繁殖，扩大种植面积和种群数量。

【保护级别】

莼菜为我国一级保护植物，本书建议划定为徐州一级保护植物。

【栽培要点】

莼菜繁殖采用无性和有性两种方法，一般采用无性繁殖，又称为茎株繁殖。选择土壤淤泥较厚、腐殖质含量丰富，但淤泥不过深的田块作苗床，整理好苗床，基土施足，苗床配好底肥，搭好塑料棚架，选用越冬休眠芽发育而成的营养株斜插在苗床上，盖塑料膜。待营养株生长到一定长度后，向深度定植。移栽当年，基肥充足一般不需追肥，但在贫瘠土壤或基肥不足，发现叶小、发黄、芽细、胶质少时应及时追肥。初栽期水位深10～30厘米，由浅逐步加深；立夏后，水位逐渐加深到60～80厘米以上，但不超过1米。水体透明度宜在40厘米以上，以微流动的活水更佳。如为静水池塘，应经常换水，以增加水中氧气。

六、中华水韭

拉丁名：*Isoëtes sinensis* Palmer

【分类】

蕨类植物，水韭科 Isoëtaceae　　水韭属 *Isoëtes*

【别名】

华水韭

【形态特征】

多年生沼地生植物，植株高15～30厘米；根茎肉质，块状，略呈2～3瓣，具多数二叉分歧的根；向上丛生多数向轴覆瓦状排列的叶。叶多汁，草质，鲜绿色，线形，长 15～30 厘米，宽 1～2 毫米，内具 4 个纵行气道围绕中肋，并有横隔膜分隔成多数气室，先端渐尖，基部广鞘状，膜质，黄白色，腹部凹入，上有三角形渐尖的叶舌，凹入处生孢子囊。孢子囊椭圆形，长约 9 毫米，直径约 3 毫米，具白色膜质盖；大孢子囊常生于外围叶片基的向轴面，内有少数白色粒状的四面形大孢子；小孢子囊生于内部叶片基部的向轴面，内有多数灰色粉末状的两面形小孢子。中华水韭的形态见图 3-6。

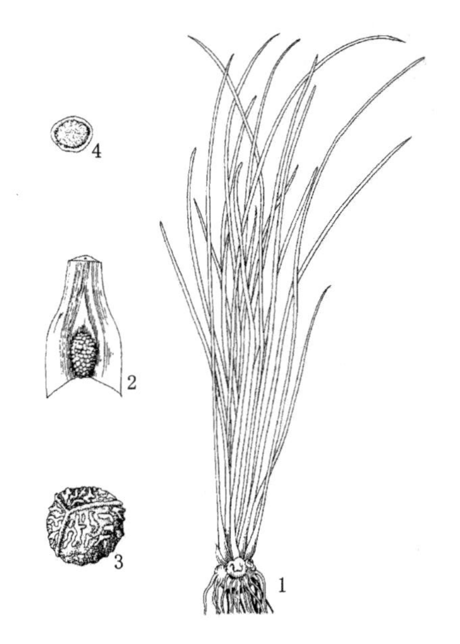

1—植株；2—叶片基部，示小孢子囊；3—大孢子；4—小孢子。

图 3-6　中华水韭 *Isoëtes sinensis* Palmer

［资料来源：《中国植物志》(第六卷 第三分册)，第 221 页］

【生境】

中华水韭喜温和湿润气候，春夏多雨，冬季晴朗较寒冷，1 月平均气温为 2～7 ℃，7 月平均气温为 27～29 ℃，年降雨量为 1 000～1 500 毫米。主要生长在浅水池沼、塘边和山沟淤泥土上，主要伴生植物有节节草、糯米团、莲子草、水蓑衣等。

【生态地理分布】

中华水韭为我国特有濒危水生蕨类植物。在徐州地区主要分布于马陵山、骆马湖、微山湖等周边地区。

国内主要分布于江苏南京，安徽休宁、屯溪和当涂，浙江杭州、诸暨、建德及丽水等地。

【濒危原因】

由于农田生产建设和养殖业的发展，自然环境变迁和水域消失，分布范围及其种群数量逐渐减小。

【保护价值】

中华水韭为中国特有种，属国家一级重点保护野生植物。它是经第四纪冰川后的孑遗植物，没有复杂的叶脉组织，在分类上被列为似蕨类（小型蕨类），但它既不同于其他成员如石松、卷柏、木贼，也不同于其叶长而成线形，没有复杂的叶脉组织的种类，因此在系统演化上有一定的研究价值，同时它还是一种沼泽指示植物。

【保护对策】

进行移栽保护，加强繁殖技术研究，扩大人工繁育和种植面积，在栽培条件下加以保存和繁殖。

【保护级别】

中华水韭我国一级保护植物，本书建议划定为徐州一级保护植物。

【栽培要点】

可试行孢子繁殖法。分生繁殖时可带根整株移植于水湿环境，适量给水，避免干旱及水深过度，同时又要防止蜗牛及其他虫害。

七、黄檗

拉丁名：*Phellodendron amurense* Rupr.

【分类】

被子植物，芸香科 Rutaceae　　黄檗属 *Phellodendron*

【别名】

檗木、黄檗木、黄柏、黄波椤树、元柏、关黄柏

【形态特征】

乔木，树高 10～20 米，大树高达 30 米，胸径 1 米。枝扩展，成年树的树皮具厚木栓层，浅灰或灰褐色，深沟状或不规则网状开裂，内皮薄，鲜黄色，味苦，黏质，小枝暗紫红色，无毛。叶轴及叶柄均纤细，有小叶 5～13 片，小叶薄纸质或纸质，卵状披针形或卵形，长 6～12 厘米，宽 2.5～4.5 厘米，顶部长渐尖，基部阔楔形，一侧斜尖，或为圆形，叶缘有细钝齿和缘毛，叶面无毛或中脉有疏短毛，叶背仅基部中脉两侧密被长柔毛，秋季落叶前叶色由绿转黄而明亮，毛被大多脱落。花序顶生；萼片细小，阔卵形，长约 1 毫米；花瓣紫绿色，长 3～4 毫米；

雄花的雄蕊比花瓣长，退化雌蕊短小。果圆球形，径约 1 厘米，蓝黑色，通常有 5～8(～10)浅纵沟，干后较明显；种子通常 5 粒。花期 5—6 月，果期 9—10 月。黄檗的形态见图 3-7。

1—叶枝；2—果序；3—花序；4—雌花；5—雄花。

图 3-7　黄檗 *Phellodendron amurense* Rupr.

（资料来源：《中国珍稀濒危植物》，第 286 页）

【生境】

主要分布区位于寒温带针叶林区和温带针阔叶混交林区，为湿润型季风气候，冬夏温差大，冬季长而寒冷，极端最低温约为－40 ℃，夏季较热，年降水量为 400～800 毫米。为阳性树种，根系发达，萌发能力较强，能在空旷地更新，而林冠下更新不良。

对土壤适应性较强，适生于土层深厚、湿润、通气良好、含腐殖质丰富的中性或微酸性壤质土。在河谷两侧的冲积土上生长最好，在沼泽地、黏土和瘠薄的土地上生长不良。

【生态地理分布】

乔木在徐州地区零散分布于泉山等地。

国内主要分布于东北和华北各省，河南、安徽北部、宁夏也有分布，内蒙古有少量栽种。

【濒危原因】

由于长期乱砍滥伐，目前数量已很少。其生境遭受一定程度的破坏，对种群更新具有较大的影响，陷入濒危状态。

【保护价值】

黄檗是第三纪古热带植物区系的孑遗种，对研究古代植物区系、古地理等有科学价值。黄檗是中国的珍贵药材树种，具有抗菌、降压、抗滴虫、抗炎、利胆、降血糖等作用。其木材纹理美观，材质坚韧，耐水湿及耐腐性强，多供建筑、航空器材、细木工等用；树皮木栓可作软木塞、浮标、救生圈或用于隔音、隔热、防震等；内皮可作染料及药用；叶可提取芳香油；花是很好的蜜源；果实含有甘露醇及不挥发的油分，可供工业及医药用。

【保护对策】

对现有资源特别是母树应加以保护，进行繁殖栽培，扩大其资源。加强引种繁殖技术研究，扩大其种植范围和繁殖量。

【保护级别】

黄檗为我国二级保护植物，本书建议划定为徐州一级保护植物。

【栽培要点】

主要用种子繁殖。以秋播为宜，使种子在低温下自然催芽。但春播时应在秋冬季将种子层积。造林时采用混交林或密植，有利于主干生长。亦可试行扦插法。

八、鹅掌楸

拉丁名：*Liriodendron chinense*（Hemsl.）Sargent.

【分类】

被子植物，木兰科 Magnoliaceae　　鹅掌楸属 *Liriodendron*

【别名】

马褂木、双飘树

【形态特征】

乔木，高可达 40 米。小枝灰或灰褐色。叶裂成马褂状，长 4～18 厘米，两侧中下部各具 1 较大裂片，先端具 2 浅裂，下面苍白色，被乳头状白粉点。叶柄长 4～16 厘米。花杯状，径 5～6 厘米；花被片 9，外轮绿色，萼片状，向外弯垂，内 2 轮直立，花瓣状，倒卵形，长 3～4 厘米，绿色，具黄色纵条纹；雄蕊多数，花药长 1～1.6 厘米，花丝长 5～6 毫米；聚合果纺锤形，长 7～9 厘米，具翅小坚果长约 6 毫米，顶端钝或纯尖，种子 1～2 粒。花期 5 月，果期 9—10 月。鹅掌楸的形态见图 3-8。

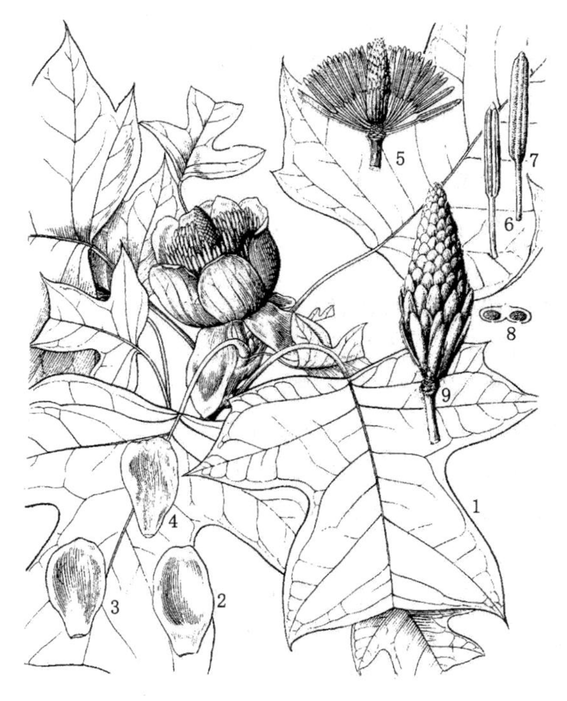

1—花枝；2—外轮花被片；3—中轮花被片；4—内轮花被片；
5—花去花被片及部分雄蕊示雄蕊群及雌蕊群；6—雄蕊腹部；
7—雄蕊背面；8—雄蕊横切面；9—聚合果。

图 3-8　鹅掌楸 *Liriodendron chinense*（Hemsl.）Sargent.

［资料来源：《中国植物志》(第三十卷 第一分册)，第 197 页］

【生境】

喜光及温和湿润气候，有一定的耐寒性，喜深厚肥沃、适湿而排水良好的酸性或微酸性土壤（pH 值：4.5～6.5），在干旱土地上生长不良，也忌低湿水涝。通常生于海拔 900～1 000 米的山地林中或林缘，呈星散分布，也有组成小片纯林。

【生态地理分布】

本种在徐州地区主要分布于泉山等低山丘陵中，城市园林绿地中也有分布。

国内主要分布于陕西(镇巴)、安徽(歙县、休宁、舒城、岳西、潜山、霍山)、浙江(龙泉、遂昌、松阳)、江西(庐山)、福建(武夷山)、湖北(房县、巴东、建始、利川)、湖南(桑植、新宁)、广西(融水、临桂、龙胜、兴安、资源、灌阳、华江)、四川(万源、叙永、古蔺)、重庆市(秀山、万州、南川)、贵州(绥阳、息烽、黎平)、云南(彝良、大关、富宁、金平、麻栗坡),台湾地区有栽培。

【濒危原因】

鹅掌楸是异花授粉种类,但有孤雌生殖现象,雌蕊往往在含苞欲放时即已成熟,开花时,柱头已枯黄,失去授粉能力,在未受精的情况下,雌蕊虽能继续发育,但种子生命弱,故发芽率低,徐州地区分布数量很少,处于濒危状态。

【保护价值】

鹅掌楸为古老的残遗植物,在日本、格陵兰、意大利和法国的白垩纪地层中均发现化石,到新生代第三纪本属尚有 10 余种,广布于北半球温带地区,到第四纪冰期才大部分绝灭,现仅残存鹅掌楸和北美鹅掌楸两种,成为东亚与北美洲际间断分布的典型实例,对古植物学系统学有重要科研价值。

鹅掌楸花大美丽,叶形奇特,为园林绿化优良树木;树皮入药,祛水湿风寒;木材淡红褐色,纹理直,干燥少开裂,可供作家具、建筑用材。

【保护对策】

保护好现有少量的种群,同时对种群生态、群落生态和生物学进行系统研究,并积极开展应用研究,加强人工繁殖,扩大种群数量。

【保护级别】

鹅掌楸为我国二级保护植物,本书建议划定为徐州一级保护植物。

【栽培要点】

采用种子繁殖和扦插繁殖。

用种子繁殖时,必须用人工辅助授粉。秋季采种精选后在湿沙中层积过冬,于次年春季播种育苗。第三年苗高 1 米以上时即可出圃定植。

扦插繁殖选择插条时要考虑位置效应和采穗母树条件,可采用硬枝扦插和嫩枝扦插。

硬枝扦插:选择 1 年生健壮 0.5 厘米粗以上的穗条,剪成长 15～20 厘米插条,下口斜剪,每段应具有 2～3 个芽,插入土中 2/3,扦插前用 50 毫克/升Ⅱ号 ABT 生根粉加 500 毫克/升多菌灵浸扦插枝条基部 30 分钟左右。插条应随采随插,插好后要有遮阴设施,勤喷水,成活率可达 75%左右。

嫩枝扦插:剪取当年生半木质化嫩枝,可保留 1～2 个叶片或半叶,6—9 月采用全光喷雾法扦插，扦插基质采用珍珠岩或比较适中的干净河沙，要保持叶面湿润，成活率一般在50%～60%。扦插后50天，对插条进行根外施肥，以提高成活率和促进插条生长。

九、玫瑰

拉丁名：*Rosa rugosa* Thunb.

【分类】

被子植物，蔷薇科 Rosaceae　　蔷薇属 *Rosa*

【别名】

刺玫花

【形态特征】

直立灌木，高可达2米；茎粗壮，丛生；小枝密被绒毛，并有锐刺和腺毛，有直立或弯曲、淡黄色的皮刺，皮刺外被绒毛。小叶5～9枚，连叶柄长5～13厘米；小叶片椭圆形或椭圆状倒卵形，长1.5～4.5厘米，宽1～2.5厘米，先端圆钝，基部圆形或宽楔形，边缘有尖锐锯齿，上面深绿色，无毛，叶脉下陷，有褶皱，下面灰绿色，中脉突起，网脉明显，密被绒毛和腺毛，有时腺毛不明显；叶柄和叶轴密被绒毛和腺毛；托叶大部贴生于叶柄，离生部分卵形，边缘有带腺锯齿，下面被绒毛。花单生或数朵簇生叶腋，苞片卵形，边缘有腺毛，外被绒毛；花梗长5～25毫米，密被绒毛和腺毛；花直径4～5.5厘米；萼片卵状披针形，先端尾状渐尖，常有羽状裂片而扩展成叶状，上面有稀疏柔毛，下面密被柔毛和腺毛；花瓣倒卵形，重瓣至半重瓣，芳香，紫红色至白色；花柱离生，被毛，稍伸出萼筒口外，比雄蕊短很多。果扁球形，直径2～2.5厘米，砖红色，肉质，平滑，萼片宿存。花期5—6月，果期8—9月。玫瑰的形态见图3-9。

【生境】

玫瑰喜阳光充足，耐寒、耐旱，喜排水良好、疏松肥沃的壤土或轻壤土，在黏壤土中生长不良，开花不佳。宜栽植在通风良好、离墙壁较远的地方，以防日光反射，灼伤花苞，影响开花。玫瑰为阳性植物，日照充分则花色浓，香味亦浓。生长季节日照少于8小时则徒长而不开花。对空气湿度要求不甚严格，气温低、湿度大时发生锈病和白粉病；开花季节要求空气有一定的湿度；高温干燥时产油率则会降低。

【生态地理分布】

玫瑰在徐州地区以栽培种为主，汉王乡为其最大的分布区。

原产于我国华北以及日本和朝鲜，我国各地均有栽培。

1—花枝;2—果实。

图 3-9 玫瑰 *Rosa rugosa* Thunb.

(资料来源:《中国珍稀濒危植物》,第 278 页)

【濒危原因】

野生种只有零星分布,栽培种分布面积也在逐年减少。

【保护价值】

玫瑰有重要的药用价值,可疏肝醒胃,舒气活血,美容养颜;玫瑰为香料植物,从玫瑰花中提取的香料玫瑰油,可用于生产高级香料、高档化妆品;玫瑰具有较高的观赏价值,可作为园林绿化树种。

【保护对策】

加强对现存的野生植株资源及其生境的管护,严禁乱砍,加强人工采种繁育,在适宜生境中栽种扩大其分布面积。

【保护级别】

玫瑰为我国二级保护植物,本书建议划定为徐州一级保护植物。

【栽培要点】

玫瑰繁殖方式多样,可通过播种、扦插、嫁接、分株、压条进行繁殖。

播种:一般为培养新品种才采用,将秋季采收的种子装入盛有湿润沙土的塑料袋内,置于夜冻昼融的环境里,经过 1 个月左右再逐渐加温至 20 ℃左右,种子裂口发芽后即可播种(或者沙藏到第二年春季播种),当幼苗长出 3～5 片小叶时分栽。

扦插:可采用带踵嫩枝扦插、半本质化枝扦插、硬枝扦插和硬枝水插。

带踵嫩枝扦插:在早春选新萌发的枝,用利刀在其茎部带少许木质化枝削下,用生长激素处理后插入扦插床或小盆中。

半木质化枝扦插:在6—9月,选择玫瑰花朵初谢的枝条,剪去花柄,削平其下部,以2～3节为一段,切除下面的一枚叶片,再剪去不健康叶及嫩叶,用生长激素处理后插于上法同样条件的扦插床中。

硬枝扦插:将越冬前剪下的1年生枝条,2～3节为一段,每10枝成一捆,在低温温室内挖一个30厘米的坑将插条倒埋在湿润沙土中,顶部覆土5～10厘米(要保持不干),第二年早春,将插穗插入扦插床。

硬枝水插:选带1～2片叶的半木质化枝或硬枝,用利刀将基部削平,插入盛水容器中,枝条浸入水中1/2,放在15～20℃且能见到阳光的地方,使其长出根来。在促根期间,容器内的水每隔2～3天更换一次,等枝上新根的表皮变浅黄或淡褐色时,即可取出细心栽入营养袋中培养。

嫁接:可以采用芽接、枝条、根接、种胚接、柱头接等,实践中常采用生长季节芽接为主。芽接在早春玫瑰发芽前、夏季玫瑰腋芽形成及秋季停止生长前均可进行。多采用野蔷薇作砧木,接芽要选用当年萌发的玫瑰枝条中上部的饱满腋芽,去掉叶片,保留1厘米左右的叶柄,在砧木距地面3～5厘米表皮光滑处嫁接,用芽接刀做"T"形切口,接芽插入"T"形切口,注意形成层要对齐,然后绑扎塑料条,最后在距接芽上端10厘米处折伤砧木枝条,但不要折断或剪掉,以保留砧木上端适量的叶片,有利于接口愈合。10～15天后检查成活情况,凡接芽新鲜、叶柄一触即落的证明已嫁接成活。待接口充分愈合、接芽萌发时解绑,当接芽长到10～15厘米时在接口上1厘米处剪砧,随时抹除蔷薇砧芽。

压条:可采用地面压条和空中压条。地面压条是在玫瑰生长期,将玫瑰枝条芽下刻伤,弯形埋入湿润的土中,枝条先端一段伸出土面,当压埋在土中的刻伤处长出新根,就可以切开分栽。空中压条是在玫瑰枝条上,选一个合适部位,将枝条刻伤或把表皮环剥1～1.5厘米,在剥皮处用竹筒或塑料布包一直径6～8厘米的土球,经常保持湿润,约经1个月左右,伤口长出新根,剪下,栽植于苗床或花盆中。

分株:一般可将玫瑰适当深栽或根部培土,促使各分枝茎部长新根。结合换盆,可将长新根的侧枝切开,另成一新植株。

十、伞花木

拉丁名:*Eurycorymbus cavaleriei* (Lévl.) Rehd. et Hand.-Mazz.

【分类】

被子植物，无患子科 Sapindaceae　　伞花木属 *Eurycorymbus*

【别名】

白苦楝

【形态特征】

落叶乔木，高可达 20 米，树皮灰色；小枝圆柱状，被短绒毛。叶连柄长 15～45 厘米，叶轴被皱曲柔毛；小叶 4～10 对，近对生，薄纸质，长圆状披针形或长圆状卵形，长 7～11 厘米，宽 2.5～3.5 厘米，顶端渐尖，基部阔楔形，腹面仅中脉上被毛，背面近无毛或沿中脉两侧被微柔毛；侧脉纤细而密，约 16 对，末端网结；小叶柄长约 1 厘米或不及。花序半球状，稠密而极多花，主轴和呈伞房状排列的分枝均被短绒毛；花芳香，梗长 2～5 毫米；萼片卵形，长 1～1.5 毫米，外面被短绒毛；花瓣长约 2 毫米，外面被长柔毛；花丝长约 4 毫米，无毛；子房被绒毛。蒴果的发育果爿长约 8 毫米，宽约 7 毫米，被绒毛；种子黑色，种脐朱红色。花期 5—6 月，果期 10 月。伞花木的形态见图 3-10。

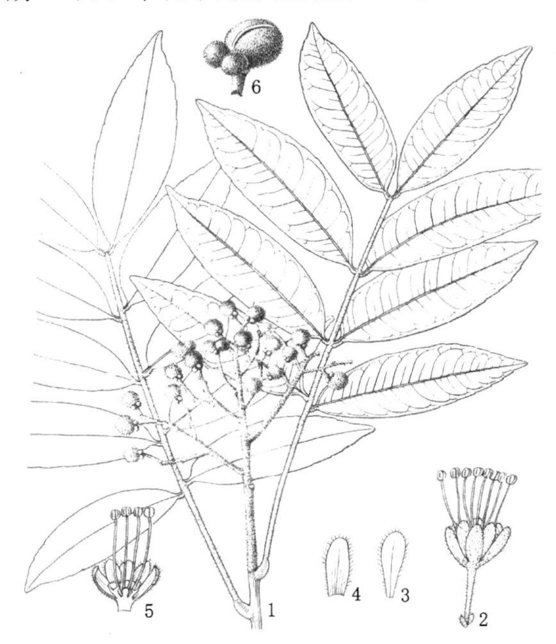

1—果枝；2—雄花；3—花瓣；4—花萼；5—雄花纵剖面；6—果实。

图 3-10　伞花木 *Eurycorymbus cavaleriei*（Lévl.）Rehd. et Hand.-Mazz.

（资料来源：《中国珍稀濒危植物》，第 295 页）

【生境】

伞花木主要分布在中亚热带常绿阔叶林区，气候温暖湿润，年平均温度16～21 ℃，1月平均温度5～12 ℃，个别地区达0 ℃以上，极端最低温度可达−17 ℃，7月最高温度30 ℃，年降水量1 000～2 000毫米，个别可达2 700毫米。土壤主要为红壤或黄壤。为偏阳性树种，萌蘖力强。

【生态地理分布】

徐州地区曾有分布，但目前已没有分布。

国内主要分布于云南（贡山、蒙自）、贵州（贵定、印江、遵义、兴义、兴仁、安龙、独山）、广西（南丹、兴安、桂林）、湖南（花垣）、江西（龙南、安远）、广东（连州、阳山、翁源、乐昌、平远）、福建（长汀、龙岩）、台湾（台北、花莲、高雄）、湖北神农架等地，生于海拔300～1 400米处的阔叶林中。

【濒危原因】

人类活动对环境的破坏，自然种群数量很小。

【保护价值】

伞花木为第三纪残遗于中国的特有单种属植物，被列为国家二级重点保护的珍稀濒危植物，对研究植物区系和无患子科的系统发育有科学价值。

【保护对策】

选择适当区域进行引种繁殖，加强繁殖培育技术研究，扩大数量。

【保护级别】

伞花木为我国二级保护植物，本书建议划定为徐州一级保护植物。

【栽培要点】

造林地以土壤深厚、肥沃、湿润的低山较好。育苗法与一般常绿阔叶树相同，用1年生苗造林。直播也可以成功。

十一、珊瑚菜

拉丁名：*Glehnia littoralis* Fr. Schmidt ex Miq.

【分类】

被子植物，伞形科 Umbelliferae　　珊瑚菜属 *Glehnia*

【别名】

辽沙参、海沙参、莱阳参、北沙参

【形态特征】

多年生草本，密被灰白色柔毛。根细长，圆柱形或纺锤形，长20～70厘米，直径为0.5～1.5厘米，表面黄白色。茎露于地面部分较短，分枝，地下部分伸长。叶多数基生，厚质，有长柄，叶柄长5～15厘米；叶片轮廓呈圆卵形至长圆状卵形，三出式分裂至三出式二回羽状分裂，末回裂片倒卵形或卵圆形，长1～6厘米，宽0.8～3.5厘米，顶端圆形至尖锐，基部楔形至截形，边缘有缺刻状锯齿，齿边缘为白色软骨质；叶柄和叶脉上有细微硬毛；茎生叶与基生叶相似，叶柄基部逐渐膨大成鞘状，有时茎生叶退化成鞘状。复伞形花序顶生，密生浓密的长柔毛，径3～6厘米，花序梗有时分枝，长2～6厘米；伞辐8～16，不等长，长1～3厘米；无总苞片；小总苞数片，线状披针形，边缘及背部密被柔毛；小伞形花序有花，15～20朵，花白色；萼齿5，卵状披针形，长0.5～1毫米，被柔毛；花瓣白色或带堇色；花柱基短圆锥形。果实近圆球形或倒广卵形，长6～13毫米，宽6～10毫米，密被长柔毛及绒毛，果棱有木栓质翅；分生果的横剖面半圆形。花果期6—8月。珊瑚菜的形态见图3-11。

1—植株；2—花；3—雌蕊；4—果实；5—分生果横切面。

图3-11　珊瑚菜 *Glehnia littoralis* Fr. Schmidt ex Miq.

（资料来源：《中国珍稀濒危植物》，第356页）

【生境】

珊瑚菜耐寒力强，休眠期根可在－38 ℃下安全越冬。播种于10 ℃情况下，15～20天出苗，高于20 ℃对幼苗生长不利。喜阳光，光照强叶片光滑油亮，色泽浓绿而厚，被遮阴的叶片失绿变黄，薄且无光。海边沙滩常有野生珊瑚菜分布，说明有一定的耐盐碱能力。珊瑚菜种子有后熟的生理特性，刚收获的种子胚尚未发育好，长度仅为胚乳的 1/7，须经低温 4 个月左右，才能完成后熟，未经过低温阶段的种子播种后第二年才能出苗。

珊瑚菜在不同的生长发育阶段对气温的要求不同，种子萌发必须通过低温阶段，营养生长期内在温和的气温条件下发育较快。气温过高，植株会出现短期休眠。高温季节一过，休眠即解除。开花结果期需要较高的气温。冬季植株地上部分枯萎，根部能露地越冬。

【生态地理分布】

徐州地区曾有分布，目前已经没有分布。

国内主要分布于中国东部至东南部沿海一带，多生沙滩上。

【濒危原因】

种群数量小，对生态条件要求苛刻，种子萌发率低导致其自我繁殖和种群扩大能力差，加上原生地生长环境破坏，导致其分布区逐年缩小，数量日趋下降，种质严重流失，资源日益减少，已处于灭绝状态。

【保护价值】

珊瑚菜是一种常用的传统药用植物，其根入药，又名北沙参，广泛用作镇咳祛痰药；其根和叶可食用，经济价值较高。珊瑚菜多生于平坦的沿海沙滩中，抗碱性强，是盐碱土的指示植物。其主根深入沙层，与矮生苔草等其他沿海植物混生，形成海滨植被群落，对于海岸固沙和盐碱土的改良极为重要。

【保护对策】

加强珊瑚菜繁殖技术和引种技术研究，通过根移植，组织培养快繁等技术，重新进行引种和繁殖。

【保护级别】

珊瑚菜为我国二级保护植物，本书建议划定为徐州一级保护植物。

【栽培要点】

秋播时，将种子用清水浸泡 1～2 小时，捞出堆积，每天翻动一次，需适当喷水保持水分，至种子润透即可播种。春播，入冬前种子与河沙按 1∶3 混拌均匀，装入木箱，不要加盖，冬季将其埋于地下，要保持湿润，翌春解冻后取出播种。出苗后及时中耕除草保墒，以利蹲苗。因珊瑚菜是密植作物，随着幼苗长高，行距小，茎易断，不宜用锄中耕，可用铁耙松土或拔草。苗有 3 片左右真叶，要间苗，要成三角形留株，株距 3 厘米左右，过稀根易分杈，过密则生长弱，易染病害。春季干旱酌情浇水，保持地面湿润，生长后期地面忌积水。

十二、喜树

拉丁名：*Camptotheca acuminata* Decne.

【分类】

被子植物，蓝果树科 Nyssaceae　　喜树属 *Camptotheca*

【别名】

旱莲木、千丈树、旱莲、南京梧桐

【形态特征】

落叶乔木，高达 20 余米。树皮灰色或浅灰色，纵裂成浅沟状。小枝圆柱形，平展，当年生枝紫绿色，有灰色微柔毛，多年生枝淡褐色或浅灰色，无毛，有很稀疏的圆形或卵形皮孔；冬芽腋生，锥状，有 4 对卵形的鳞片，外面有短柔毛。叶互生，纸质，矩圆状卵形或矩圆状椭圆形，长 12～28 厘米，宽 6～12 厘米，顶端短锐尖，基部近圆形或阔楔形，全缘，上面亮绿色，幼时脉上有短柔毛，其后无毛，下面淡绿色，疏生短柔毛，叶脉上更密，中脉在上面微下凹，在下面凸起，侧脉 11～15 对，在上面显著，在下面略凸起；叶柄长 1.5～3 厘米，上面扁平或略呈浅沟状，下面圆形，幼时有微柔毛，其后几无毛。头状花序近球形，直径 1.5～2 厘米，常由 2～9 个头状花序组成圆锥花序，顶生或腋生，通常上部为雌花序，下部为雄花序，总花梗圆柱形，长 4～6 厘米，幼时有微柔毛，其后无毛。花杂性，同株；苞片 3 枚，三角状卵形，长 2.5～3 毫米，内外两面均有短柔毛；花萼杯状，5 浅裂，裂片齿状，边缘睫毛状；花瓣 5 枚，淡绿色，矩圆形或矩圆状卵形，顶端锐尖，长 2 毫米，外面密被短柔毛，早落；花盘显著，微裂；雄蕊 10，外轮 5 枚较长，常长于花瓣，内轮 5 枚较短，花丝纤细，无毛，花药 4 室；子房在两性花中发育良好，下位，花柱无毛，长 4 毫米，顶端通常分 2 枝。翅果矩圆形，长 2～2.5 厘米，顶端具宿存的花盘，两侧具窄翅，幼时绿色，干燥后黄褐色，着生成近球形的头状果序。花期 5—7 月，果期 9 月。喜树的形态见图 3-12。

【生境】

喜温暖湿润，不耐严寒和干燥，年平均温度 13～17 ℃之间、年降雨量 1 000 毫米以上地区生长。对土壤酸碱度要求不严，在酸性、中性、碱性土壤中均能生长，在石灰岩风化的钙质土壤和板页岩形成的微酸性土壤中生长良好，但在土壤肥力较差的粗沙土、石砾土、干燥瘠薄的薄层石质山地生长不良。萌芽率强，较耐水湿，在湿润的河滩沙地、河湖堤岸以及地下水位较高的渠道埂边生长都较旺盛。

【生态地理分布】

徐州泉山森林公园、城市园林绿地中有零星分布。

1—花枝;2—翅果;3—翅果的内面和外面。

图 3-12 喜树 *Camptotheca acuminata* Decne.

[资料来源:《中国植物志》(第五十二卷 第二分册),第 146 页]

国内主要分布于江苏南部、浙江、福建、江西、湖北、湖南、四川、贵州、广东、广西、云南等地,在四川西部成都平原和江西东南部均较常见;常生于海拔 1 000 米以下的林边或溪边。

【濒危原因】

分布范围狭窄,种群数量小,自我繁衍能力不足。

【保护价值】

喜树全身是宝,其果实、根、树皮、树枝、叶均可入药,主要含有抗肿瘤作用的生物碱,具有抗癌、清热杀虫的功能。木材可制家具及造纸原料。喜树的树干挺直,生长迅速,可作为庭园树或行道树。

【保护对策】

在徐州泉山森林公园设立保护地,立牌挂标,严禁破坏,使种群自然繁殖扩大;积极开展引种和繁育技术研究,加强人工繁殖和引种栽培,扩大种群数量。

【保护级别】

喜树为我国二级保护植物，本书建议划定为徐州一级保护植物。

【栽培要点】

喜树多采用种子繁殖。苗圃地宜选择气候温和、雨量充沛、土层厚度80厘米以上的黄壤土。育苗前，需经秋季翻耕培肥，翌年春耙地、平整作床。播前种子需经催芽处理。其步骤是：先用0.5%高锰酸钾溶液消毒1～2小时，然后漂洗干净，用40 ℃左右温水浸泡12小时，然后将种子取出与1/3的湿河沙混合均匀；如有80%的种子张口露芽时即可播种，一般每亩苗床播种量4～5千克，播后盖土0.5～2厘米，用稻草、麦秸等进行覆盖。

十三、绶草

拉丁名：*Spiranthes sinensis*（Pers.）Ames

【分类】

被子植物，兰科 Orchidaceae　　绶草属 *Spiranthes*

【别名】

盘龙参、龙抱柱、猪鞭草、双瑚草

【形态特征】

植株高13～30厘米。根数条，指状，肉质，簇生于茎基部。茎较短，近基部生2～5枚叶。叶片宽线形或宽线状披针形，极罕为狭长圆形，直立伸展，长3～10厘米，常宽5～10毫米，先端急尖或渐尖，基部收狭具柄状抱茎的鞘。花茎直立，长10～25厘米，上部被腺状柔毛至无毛；总状花序具多数密生的花，长4～10厘米，呈螺旋状扭转；花苞片卵状披针形，先端长渐尖，下部的长于子房；子房纺锤形，扭转，被腺状柔毛，连花梗长4～5毫米；花小，紫红色、粉红色或白色，在花序轴上呈螺旋状排生；萼片的下部靠合，中萼片狭长圆形，舟状，长4毫米，宽1.5毫米，先端稍尖，与花瓣靠合呈兜状；侧萼片偏斜，披针形，长5毫米，宽约2毫米，先端稍尖；花瓣斜菱状长圆形，先端钝，与中萼片等长但较薄；唇瓣宽长圆形，凹陷，长4毫米，宽2.5毫米，先端极钝，前半部上面具长硬毛且边缘具强烈皱波状啮齿，唇瓣基部凹陷呈浅囊状，囊内具2枚胼胝体。花期7—8月。绶草的形态见图3-13。

【生境】

对生境要求不高，多生于海拔200～3 400米的山坡林下、灌丛下、草地或河滩、沼泽、草甸中。

【生态地理分布】

在徐州主要分布于泉山山坡林下，零星分布于河滩、沼泽、草甸子中。

1—全草；2—花；3—中萼片、花瓣、侧萼片和唇瓣。

图 3-13　绶草 *Spiranthes sinensis* (Pers.) Ames

［资料来源：《中国植物志》(第十七卷)，第 229 页］

国内分布区域广，全国各地均有分布。

【濒危原因】

种群数量小，加上人为开采，数量逐渐较少。

【保护价值】

绶草全草民间作药用，性甘、淡、平。滋阴益气，凉血解毒，涩精。用于病后气血两虚、少气无力、气虚白带、遗精、失眠、燥咳、咽喉肿痛、缠腰火丹、肾虚、肺痨咯血、消渴和小儿暑热征；外用于毒蛇咬伤、疮肿。

【保护对策】

注重对生存环境的保护，在其生长地段设立标志，引起人们的注意。在保护野生种群及其生境的同时，选择生态条件适宜地进行引种繁殖，扩大数量。

【保护级别】

绶草为我国二级保护植物，本书建议划定为徐州一级保护植物。

【栽培要点】

绶草通过播种繁殖。无菌播种是绶草的蒴果消毒后，将种子播在添加 20 克/升蔗糖、50 克/升香蕉泥、1 克/升活性炭的 1/4 MS 基础培养基，1 个月后，形成原球体。培养 5 个月后，原球体长成根 2～3 条的幼苗，但其中有 13.4%为白化苗。将绿叶幼苗继代到添加 20 克/升蔗糖、30 克/升马铃薯泥、1 克/升活性炭、150 毫升/升椰子水的 1/4 MS 基础培养基，再经两个半月后，幼苗可长到 5 厘米长。幼苗经驯化后移植出瓶，97%的小苗可存活。且在 4 个月后，65%小苗抽薹开花，花色如同母株为粉红色，但有 2.5%为白花植株。此法可在 1 年之内完成绶草从种子发芽到成苗开花的生活史。

十四、明党参

拉丁名：*Changium smyrnioides* Wolff

【分类】

被子植物，伞形科 Umbelliferae　　明党参属 *Changium*

【别名】

山萝卜、粉沙参

【形态特征】

多年生草本。主根有纺锤形或长索形，长 5～20 厘米，表面棕褐色或淡黄色，内部白色。茎直立，高 50～100 厘米，圆柱形，表面被白色粉末，有分枝，枝疏散而开展，侧枝通常互生，侧枝上的小枝互生或对生。基生叶少数至多数，有长柄，柄长 3～15 厘米；叶片三出式的 2～3 回羽状全裂，一回羽片广卵形、长 4～10 厘米，柄长 2～5 厘米，二回羽片卵形或长圆状卵形、长 2～4 厘米，柄长 1～2 厘米，三回羽片卵形或卵圆形、长 1～2 厘米、基部截形或近楔形、边缘 3 裂或羽状缺刻，末回裂片长圆状披针形，长 2～4 毫米，宽 1～2 毫米；茎上部叶缩小呈鳞片状或鞘状。复伞形花序顶生或侧生；总苞片无或 1～3；伞辐 4～10，长 2.5～10厘米，开展；小总苞片少数，长 4～6 毫米，顶端渐尖；小伞形花序有花 8～20，花蕾时略呈淡紫红色，开放后呈白色，顶生的伞形花序几乎全孕，侧生的伞形花序多数不育；萼齿小，长约 0.2 毫米；花瓣长圆形或卵状披针形，长 1.5～2 毫米，宽 1～1.2 毫米，顶端渐尖而内折；花丝长约 3 毫米，花药卵圆形，长约1 毫米；花柱基隆起，花柱幼时直立，果熟时向外反曲。果实圆卵形至卵状长圆形，长 2～3 毫米，果棱不明显，胚乳腹面深凹，油管多数。花期 4 月。明党参的形态见图 3-14。

1—根；2—叶；3—花序；4—果实；5—分生果横切面。

图 3-14　明党参 *Changium smyrnioides* Wolff

（资料来源：《中国珍稀濒危植物》，第 353 页）

【生境】

明党参为典型的亚热带多年生草本植物，分布区位于我国东部北亚热带和中亚热带地区，为耐阴植物，怕强光直射，喜疏光。适宜温暖湿润的气候，较能耐寒，怕涝。野生者常见于山地稀疏灌木林下，土壤肥沃的地方，或石隙及岩石山坡上。

【生态地理分布】

在徐州分布于泉山、马陵山等山地。

国内主要分布于江苏（句容、宜兴、南京、苏州、镇江）、安徽（安庆、芜湖、滁县）、浙江（吴兴、萧山）等地，生长在山地土壤肥厚的地方或山坡岩石缝隙中。

【濒危原因】

分布范围小，种群数量小，加上人为开采，数量逐渐较少。

【保护价值】

明党参是著名药材之一，能清肺、化痰，平肝、和胃，解毒，治痰火咳嗽喘逆，呕吐、反胃、食少、口干。

【保护对策】

注重对分布区域的保护，在保护野生种群及其生境的同时，选择生态条件适宜地进行引种繁殖，扩大数量。

【保护级别】

明党参为我国二级保护植物，本书建议划定为徐州一级保护植物。

【栽培要点】

可在 4 月上旬挖野生苗直接栽种。但多用种子繁殖，采用直播或育苗移栽。江苏产区主要用育苗移栽法。

十五、樟

拉丁名：*Cinnamomum camphora*（L.）Presl

【分类】

被子植物，樟科 Lauraceae　　樟属 *Cinnamomum*

【别名】

香樟、芳樟、樟木、乌樟、臭樟、樟树、樟木树、栳樟

【形态特征】

常绿乔木，高可达 30 米，直径可达 3 米，树冠广卵形；枝、叶及木材均有樟脑气味；树皮黄褐色，有不规则的纵裂。顶芽广卵形或圆球形，鳞片宽卵形或近圆形，外面略被绢状毛。枝条圆柱形，淡褐色，无毛。叶互生，卵状椭圆形，长 6～12 厘米，宽 2.5～5.5 厘米，先端急尖，基部宽楔形至近圆形，边缘全缘，软骨质，有时呈微波状，上面绿色或黄绿色，有光泽，下面黄绿色或灰绿色，晦暗，两面无毛或下面幼时略被微柔毛，具离基三出脉，有时过渡到基部具不显的 5 脉，中脉两面明显，上部每边有侧脉 1～3～5(或 7)条，基生侧脉向叶缘一侧有少数支脉，侧脉及支脉脉腋上面明显隆起下面有明显腺窝，窝内常被柔毛；叶柄纤细，长 2～3 厘米，腹凹背凸，无毛。圆锥花序腋生，长 3.5～7 厘米，具梗，总梗长2.5～4.5 厘米，与各级序轴均无毛或被灰白至黄褐色微柔毛，被毛时往往在节上尤为明显。花绿白或带黄色，长约 3 毫米；花梗长 1～2 毫米，无毛。花被外面无毛或被微柔毛，内面密被短柔毛，花被筒倒锥形，长约 1 毫米，花被裂片椭圆形，长约 2 毫米。能育雄蕊 9，长约 2 毫米，花丝被短柔毛。退化雄蕊 3，位于最内轮，箭头形，长约 1 毫米，被短柔毛。子房球形，长约 1 毫米，无毛，花柱长约 1 毫米。果卵球形或近球形，直径 6～8 毫米，紫黑色；果托杯状，长约 5 毫米，顶端截平，宽达 4 毫米，基部宽约 1 毫米，具纵向沟纹。花期 4—5 月，果期 8—11 月。樟的形态见图 3-15。

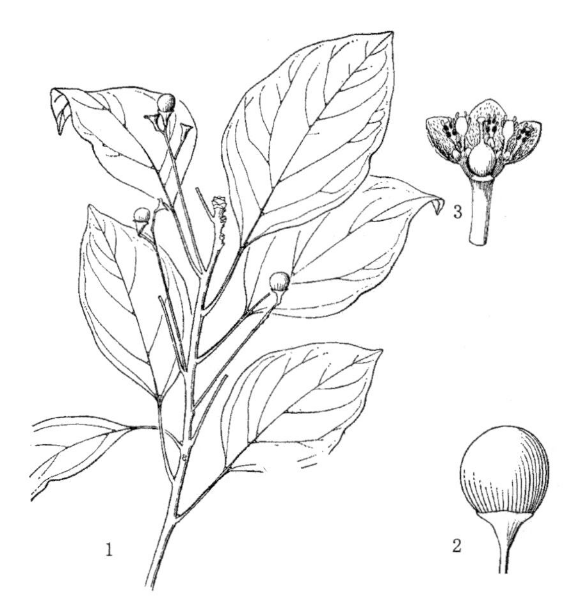

1—果枝；2—果；3—花纵剖面，切去前方三枚花被示，雄蕊及雌蕊。

图 3-15　樟 *Cinnamomum camphora*（L.）Presl

［资料来源：《中国植物志》(第三十一卷)，第 171 页］

【生境】

樟树多喜光，稍耐阴；喜温暖湿润气候，耐寒性不强，在－18 ℃低温下幼枝受冻害。喜富含腐殖质黑土或微酸性至中性砂质壤土，不耐干旱、瘠薄和盐碱土。

【生态地理分布】

1954 年栽植于新沂市马陵山风景区的 3 株樟树，是徐州地区最早栽植的樟树；此后分布范围逐渐扩大，山地、庭院、城市园林绿地均有分布。

国内大体以长江为北界，南至两广及西南，尤以江西、浙江、福建、台湾等东南沿海省份分布最多。

【濒危原因】

除少数樟生长稳定外，大多数樟均为 2 000 年以后新引进，长势不稳定，受气温、土壤等条件影响，易发生黄化、冻害。

【保护价值】

樟与楠、梓、桐合称为江南四大名木，是我国珍贵和重要的用材林、特用经济林和优良的园林绿化树种。樟树冠呈广卵形，枝叶茂密，气势雄伟，是优良的绿化树、行道树及庭荫树；植物全身均有樟脑香气，可提制樟脑和提取樟油；木材坚硬美观，是制造家具的好材料；对氯气、二氧化硫、臭氧及氟气等气体具有抗性，能驱蚊蝇。

【保护对策】

积极保护现有长势稳定的个体和种群，针对黄化病、低温等限制因子，开展生态学、引种栽培技术等多方面科学研究，促进樟健康生长；加强引种繁育技术研究，培养抗低温品种，提高生态适应性。

【保护级别】

樟为我国二级保护植物，本书建议划定为徐州一级保护植物。

【栽培要点】

樟可采用种子繁殖和扦插繁殖。播种繁殖秋播、春播均可，以春播为好。秋播可随采随播，在秋末土壤封冻前进行。春播宜在早春土壤解冻后进行。

十六、中华结缕草

拉丁名：*Zoysia sinica* Hance

【分类】

被子植物，禾本科 Gramineae　　结缕草属 *Zoysia*

【形态特征】

多年生。具横走根茎。秆直立，高 13～30 厘米，茎部常具宿存枯萎的叶鞘。叶鞘无毛，长于或上部者短于节间，鞘口具长柔毛；叶舌短而不明显；叶片淡绿或灰绿色，背面色较淡，长可达 10 厘米，宽 1～3 毫米，无毛，质地稍坚硬，扁平或边缘内卷。总状花序穗形，小穗排列稍疏，长 2～4 厘米，宽 4～5 毫米，伸出叶鞘外；小穗披针形或卵状披针形，黄褐色或略带紫色，长 4～5 毫米，宽 1～1.5 毫米，具长约 3 毫米的小穗柄；颖光滑无毛，侧脉不明显，中脉近顶端与颖分离，延伸成小芒尖；外稃膜质，长约 3 毫米，具 1 明显的中脉；雄蕊 3 枚，花药长约 2 毫米；花柱 2，柱头帚状。颖果棕褐色，长椭圆形，长约 3 毫米。花果期 5—10 月。中华结缕草的形态见图 3-16。

【生境】

中华结缕草是阳性喜温植物，对环境条件适应性广，在中国沿海从南到北大部分地区均可种植。适宜在各种土壤上种植。在排水良好的疏松沙质肥沃田块，可以充分发挥其生长潜力，达到最好生长量。在瘠薄土壤上，虽能正常生长，但不能形成旺盛群体。它还具有耐湿、耐旱、耐盐碱的特性。据调查，在其他植物难以生长的干旱山坡，它仍可构成全面覆盖的群落，在海水到达的砂质海岸上，也能繁茂生长。

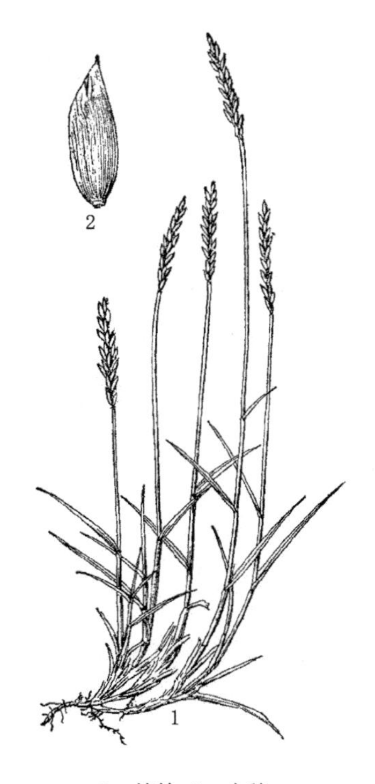

1—植株；2—小穗。

图 3-16　中华结缕草 *Zoysia sinica* Hance

［资料来源：《中国植物志》(第十卷 第一分册)，第 127 页］

【生态地理分布】

在徐州主要分布于泉山、城市园林绿地中。

国内主要分布于辽宁、河北、山东、江苏、安徽、浙江、福建、广东、台湾等地；生于海边沙滩、河岸、路旁的草丛中。

【濒危原因】

中华结缕草种子具有很强的休眠特性，因此往往导致种子发芽率低，且发芽历时长，自然繁殖能力低。

【保护价值】

中华结缕草地下茎盘根错节，十分发达，形成不易破裂的成草土，叶片密集、覆被性好，具有很强的护坡、护堤效益，是一种良好的保持水土植物；其叶片较宽厚、光滑、密集、坚韧而富有弹性，抗践踏，耐修剪，是极好的运动场和草坪用草。中华结缕草鲜茎叶气味纯正，营养价值高，又是良好的饲料。

【保护对策】

加强其繁殖技术研究，提高种子发芽率；加强人工繁殖，扩大人工种植面积。

【保护级别】

中华结缕草为我国二级保护植物，本书建议划定为徐州一级保护植物。

【栽培要点】

采用播种和分株法繁殖。播种期宜在雨季之后，即7月底—8月初。播种前要先行种子处理，用0.5%氢氧化钠溶液浸泡24小时，再用清水洗净、晾干后播种。播后10～13天发芽，20多天齐苗。分株法从5月中旬—8月中旬均可进行。先将结缕草掘出，把盘结在一起的枝蔓分开，埋入预先准备好的土畦中，成行栽种，行距15～20厘米，3～4个月后可长满。

十七、莲

拉丁名：*Nelumbo nucifera* Gaertn.

【分类】

被子植物，睡莲科 Nymphaeaceae　　莲属 *Nelumbo*

【别名】

莲花、荷花、芙蓉、芙蕖、菡萏

【形态特征】

多年生水生草本；根状茎横生，肥厚，节间膨大，内有多数纵行通气孔道，节部缢缩，上生黑色鳞叶，下生须状不定根。叶圆形，盾状，直径25～90厘米，全缘稍呈波状，叶面光滑，具白粉，下面叶脉从中央射出，有1～2次叉状分枝；叶柄粗壮，圆柱形，长1～2米，中空，外面散生小刺。花梗和叶柄等长或稍长，也散生小刺；花直径10～20厘米，美丽，芳香；花瓣红色、粉红色或白色，矩圆状椭圆形至倒卵形，长5～10厘米，宽3～5厘米，由外向内渐小，有时变成雄蕊，先端圆钝或微尖；花药条形，花丝细长，着生在花托之下；花柱极短，柱头顶生；花后花托（莲房）直径5～10厘米。坚果椭圆形或卵形，长1.8～2.5厘米，果皮革质，坚硬，熟时褐色；种子（莲子）卵形或椭圆形，长1.2～1.7厘米，种皮红色或白色。花期6—8月，果期8—10月。莲的形态见图3-17。

【生境】

生于池塘湖沼，水温不能低于5℃，8～10℃种藕开始萌发，14℃长出藕鞭，23～30℃藕加速生长，抽出立叶、花梗，并开花。生长期要求充足的阳光，需要在水深50～80厘米流速小的浅水中生长。荷花喜欢生长在肥沃、有机质多的微酸性的黏土中。

1—花；2—叶；3—花托具多数心皮及 2 雄蕊；4—根状茎。

图 3-17　莲 *Nelumbo nucifera* Gaertn.

[资料来源：《中国植物志》(第二十七卷)，第 4 页]

【生态地理分布】

莲在徐州地区分布较广，骆马湖、微山湖等自然水体和人工水体中均有分布，但以人工栽培为主。受栽培种影响，野生种数量逐渐减少。

莲是我国淡水水体中的广布种，其地理分布北达黑龙江省抚远市，南至海南省三亚市，西到天山，东临台湾。

【濒危原因】

受栽培种影响，野生种数量逐渐减少。

【保护价值】

莲是古代孑遗植物，是最古老的双子叶植物之一，但又具有单子叶植物的某些形态特征，如它的种子形态结构与单子叶植物相似，因此莲对探讨被子植物的系统演化以及单、双子叶植物的起源等问题具有重要意义。莲是重要的食用植物和药用植物，同时又是观赏价值很高的观赏植物。

【保护对策】

保护现有野生植株资源及其适宜生境条件，以利种群自然繁衍。

【保护级别】

莲为我国二级保护植物，本书建议划定为徐州一级保护植物。

【栽培要点】

莲主要采取分株繁殖。耐寒种通常在早春发芽前3—4月进行分株，不耐寒种对气温和水温的要求高，因此要到5月中旬前后才能进行分株。分株时先将根茎挖出，挑选有饱满新芽的根茎，切成8～10厘米长的根段，每根段至少带1个芽，然后进行栽植。顶芽朝上埋入表土中，覆土的深度以植株芽眼与土面相平为宜。栽好后，稍晒太阳，方可注入浅水，以利于保持水温，但灌水不宜过深，否则会影响发芽。待气温升高，新芽萌动时再加深水位。放置在通风良好、阳光充足处养护，栽培水深20～40厘米，夏季水位可以适当加深，高温季节要注意保持盆水的清洁。

十八、山拐枣

拉丁名：*Poliothyrsis sinensis* Oliv.

【分类】

被子植物，大风子科 Flacourtiaceae　　山拐枣属 *Poliothyrsis*

【别名】

鸡屎木、泡瓜木、野拐枣、拐枣

【形态特征】

落叶乔木，高7～15米；树皮灰褐色，浅裂；小枝圆柱形，性脆，灰白色，幼时有短柔毛，老时无毛。叶片厚纸质，卵形至卵状披针形，长8～18厘米，宽4～10厘米，先端渐尖或急尖，尖头有的长尾状，基部圆形或心形，有2～4个圆形和紫色腺体，边缘有浅钝齿，上面深绿色，有光泽，脉上有毛，下面淡绿色，有短柔毛，掌状脉，中脉在上面凹，在下面突起，近对生的侧脉5～8对；叶柄长2～6厘米，初时有疏长毛，果熟后近无毛。花单性，雌雄同序，雌花在1/3的上端，二至四回的圆锥花序，顶生，稀腋生在上面一两片叶腋，有淡灰色毛；萼片5片，卵形，长5～8毫米，外面有浅灰色毛，内面有紫灰色毛；花瓣缺；雌花位于花序上端，比雄花稍大，直径6～9毫米，退化雄蕊多数，短于子房，长约4毫米；子房卵形，直径2毫米，长6～9毫米，1室，有灰色毛，侧膜胎座3个，稀4个，每个胎座上有多数胚珠，花柱3，长约2毫米，向外反曲，柱头2裂；雄花位于花序的下部，雄蕊多数，长短不一，长4～6毫米，分离，花药小，卵圆形，退化子房极小。蒴果长圆形，长约2厘米，直径约1.5厘米，3爿交错分裂，稀2爿或4爿分裂，外果皮革质，有灰色毡毛，内果皮木质；种子多数，周围有翅，扁平。花期夏初，果期5—9月。山拐枣的形态见图3-18。

1—果枝；2—雌花；3—雄花；4—果实；5—种子。

图 3-18 山拐枣 *Poliothyrsis sinensis* Oliv.

［资料来源：《中国植物志》（第五十二卷 第一分册），第 65 页］

【生境】

生于海拔 400～1 500 米的山坡、山脚常绿、落叶阔叶混交林和落叶阔叶林中。

【生态地理分布】

零星分布于徐州山地。

国内主要分布于陕西和甘肃两省南部及河南、湖北、湖南、江西、安徽、浙江、江苏、福建、广东、贵州、云南（东北部）、四川。生于海拔 400～1 500 米的山坡、山脚的常绿阔叶、落叶阔叶混交林和落叶阔叶林中。

【保护价值】

山拐枣树姿优美，可作庭园观赏树。木材结构细密，材质优良，供家具、器具等用；花多而芳香，为蜜源植物。

【保护对策】

保护现有资源及其适宜生境条件，以利种群自然繁衍；加强引种栽培，扩大分布区和个体数量。

【保护级别】

山拐枣为我国二级保护植物，本书建议划定为徐州一级保护植物。

【栽培要点】

以播种繁殖为主。

十九、红豆杉

拉丁名：*Taxus chinensis* (Pilger) Rehd.

【分类】

裸子植物，红豆杉科 Taxaceae　　红豆杉属 *Taxus*

【别名】

卷柏、扁柏、红豆树、观音杉

【形态特征】

乔木，高可达30米，胸径达60～100厘米；树皮灰褐色、红褐色或暗褐色，裂成条片脱落；大枝开展，1年生枝绿色或淡黄绿色，秋季变成绿黄色或淡红褐色，2、3年生枝黄褐色、淡红褐色或灰褐色；冬芽黄褐色、淡褐色或红褐色，有光泽，芽鳞三角状卵形，背部无脊或有纵脊，脱落或少数宿存于小枝的基部。叶排列成两列，条形，微弯或较直，长1～3(多为1.5～2.2)厘米，宽2～4(多为3)毫米，上部微渐窄，先端常微急尖，稀急尖或渐尖，上面深绿色，有光泽，下面淡黄绿色，有两条气孔带，中脉带上有密生均匀而微小的圆形角质乳头状突起点，常与气孔带同色，稀色较浅。雄球花淡黄色，雄蕊8～14枚，花药4～8(多为5～6)。种子生于杯状红色肉质的假种皮中，间或生于近膜质盘状的种托(即未发育成肉质假种皮的珠托)之上，常呈卵圆形，上部渐窄，稀倒卵状，长5～7毫米，径3.5～5毫米，微扁或圆，上部常具二钝棱脊，稀上部三角状具三条钝脊，先端有突起的短钝尖头，种脐近圆形或宽椭圆形，稀三角状圆形。红豆杉的形态见图3-19。

【生境】

红豆杉为典型的阴性树种，只在排水良好的酸性灰棕壤、黄壤、黄棕壤上良好生长，苗喜阴、忌晒。其种子种皮厚，处于深休眠状态，自然状态下经两冬一夏才能萌发，天然更新能力弱。

【生态地理分布】

近年在徐州植物园、邳州等地苗圃有零星引种。

红豆杉为我国特有树种，产于甘肃、陕西、四川、云南、贵州、湖北、湖南、广西和安徽等地，常生于海拔1 000～1 200米以上的高山上部。江西庐山有栽培。

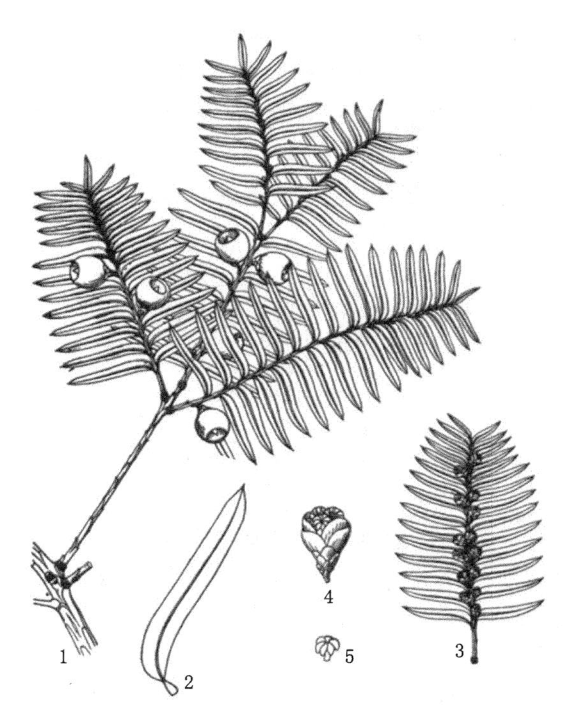

1—种子枝；2—叶；3—雄球花枝；4—雄球花；5—雄蕊。

图 3-19　红豆杉 *Taxus chinensis* (Pilger) Rehd.

［资料来源：《中国植物志》(第七卷)，第 444 页］

【濒危原因】

零星引种于苗圃或庭院，繁殖培育技术不成熟；无自然分布。

【保护价值】

红豆杉木材细密，色红鲜艳，坚韧耐用，为珍贵的用材树种；入药，有驱蛔虫、消积食的功效，是目前抗癌药物之一；叶常绿，深绿色，假种皮肉质红色，颇为美观，是优良的观赏植物，可作庭园置景树。

【保护对策】

进行红豆杉引种繁育技术的研究，进行人工引种栽培，扩大繁殖，以供观赏和科学研究。

【保护级别】

红豆杉为我国一级保护植物，本书建议划定为徐州一级保护植物。

【栽培要点】

用播种和扦插法繁殖。

播种：用红豆杉种子繁育苗木时，要注意种子的储存方式，要沙种混藏或控温处理，这对越冬后出芽和打破休眠习性，具有很好的效果。播种前要搓伤种皮、温水浸种、药剂激素处理。出苗后遮阴是育苗的关键。可防止苗木高温灼烧保持湿润、透光度在40%为宜。

扦插：春秋季节剪取生长健壮的1、2年生枝条，用生根剂浸泡底部后，扦插于苗床，生根后移植。

第二节　二级保护植物

一、侧柏

拉丁名：*Platycladus orientalis*（L.）Franco

【分类】

裸子植物，柏科 Cupressaceae　　侧柏属 *Platycladus*

【别名】

香柯树、香树、扁柏、香柏、黄柏

【形态特征】

乔木，高可达20米，胸径1米；树皮薄，浅灰褐色，纵裂成条片；枝条向上伸展或斜展，幼树树冠卵状尖塔形，老树树冠则为广圆形；生鳞叶的小枝细，向上直展或斜展，扁平，排成一平面。叶鳞形，长1～3毫米，先端微钝，小枝中央的叶的露出部分呈倒卵状菱形或斜方形，背面中间有条状腺槽，两侧的叶船形，先端微内曲，背部有钝脊，尖头的下方有腺点。雄球花黄色，卵圆形，长约2毫米；雌球花近球形，径约2毫米，蓝绿色，被白粉。球果近卵圆形，长1.5～2.5厘米，成熟前近肉质，蓝绿色，被白粉，成熟后木质，开裂，红褐色；中间两对种鳞倒卵形或椭圆形，鳞背顶端的下方有一向外弯曲的尖头，上部1对种鳞窄长，近柱状，顶端有向上的尖头，下部1对种鳞极小，长达3毫米，稀退化而不显著；种子卵圆形或近椭圆形，顶端微尖，灰褐色或紫褐色，长6～8毫米，稍有棱脊，无翅或稀有极窄之翅。花期3—4月，球果10月成熟。侧柏的形态见图3-20。

【生境】

喜光，耐干旱瘠薄和盐碱地，不耐水涝；能适应冷气候，也能在暖湿气候条件下生长；浅根性，侧根发达；生长较慢，寿命长。为喜钙树种。

【生态地理分布】

侧柏为徐州地区石灰岩山地的主要造林树种之一，泉山、云龙山、马陵山、大洞山等广有分布。

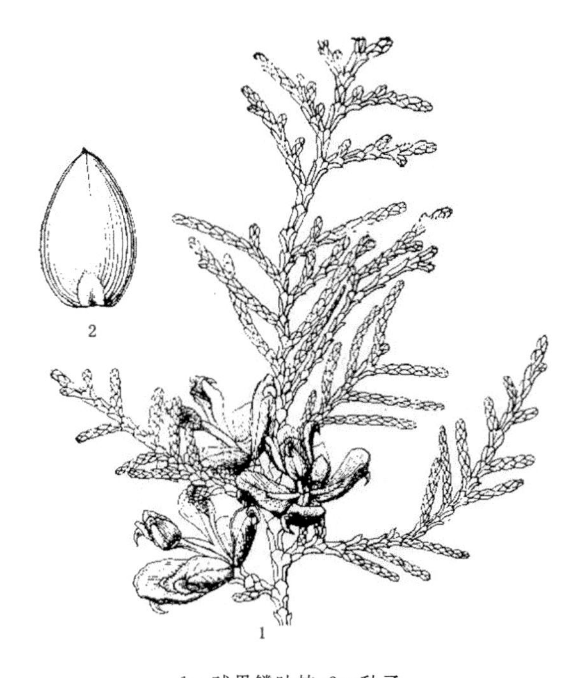

1—球果鳞叶枝；2—种子。

图 3-20　侧柏 *Platycladus orientalis*（L.）Franco

［资料来源：《中国植物志》（第七卷），第 316 页］

侧柏在中国分布甚广，内蒙古、吉林、辽宁、河北、山西、山东、江苏、浙江、福建、安徽、江西、河南、陕西、甘肃、四川、云南、贵州、湖北、湖南、广东及广西等地都有分布。西藏德庆、达孜等地有栽培。在吉林垂直分布达海拔 250 米，在河北、山东、山西等地达 1 000～1 200 米，在河南、陕西等地达 1 500 米，在云南中部及西北部达 3 300 米。河北兴隆、山西太行山区、陕西秦岭以北渭河流域及云南澜沧江流域山谷中有天然森林。淮河以北、华北地区石灰岩山地、阳坡及平原多选用造林。

【濒危原因】

徐州地带性植被类型为落叶阔叶林，而徐州侧柏林为 20 世纪人工建植，经过 50 多年的生长演替，群落结构和种类组成均发生了相当大的变化，徐州侧柏人工林正缓慢地向天然次生林群落演替。侧柏为乔木层的优势种，而在灌木层和更新层缺失，说明其更新能力严重不足，在群落的演替过程中，将被逐渐淘汰。

【保护价值】

侧柏在徐州植被类型中占非常重要的地位，具有一定的生态适应性，在石灰岩造林实践中享有较高的国际声誉，因此侧柏林的保护具有重要意义。侧柏耐修剪，在园林中常作绿篱、盆景材料。木材淡黄褐色，富树脂，材质细密，纹理斜行，耐腐力强，坚实耐用。可供建筑、器具、家具、农具及文具等用。种子与生鳞叶的小枝入药，前者为强壮滋补药，后者为健胃药，又为清凉收敛药及淋疾的利尿药。

【保护对策】

建立一定的侧柏纯林及侧柏与落叶阔叶林的混交林保护区，进行适当的森林抚育，保持侧柏的生态优势，延续其在徐州地区的生长。

【保护级别】

侧柏为我国特有种，本书建议划定为徐州地区二级保护种。

【栽培要点】

侧柏主要以种子繁殖与扦插繁殖为主，其次为组织培养繁殖。

种子繁殖：侧柏种子 9 月采种，第二年 3 月—4 月上旬播种，播种前用温水(50～60 ℃)浸种 24 小时，25 ℃催芽，有种子裂口时进行播种，覆土厚度 1.5～2 厘米，2 周以后出苗。床播或垅播，播种量为 7～10 千克/亩。

扦插繁殖：在每年的 5—6 月或 11 月(带部分上年生茎)采穗，取树冠中、下部侧枝，穗长 10～12 厘米，切口近节部，下部刻伤，生根促进剂以粉剂速蘸或溶剂浸泡处理，生根率可达 85%。扦插温度在 23～25 ℃，相对湿度保持在 80%～90%，栽培基质以蛭石、珍珠岩、河沙为宜。

二、蝟实

拉丁名：*Kolkwitzia amabilis* Graebn.

【分类】

被子植物，忍冬科 Caprifoliaceae　　蝟实属 *Kolkwitzia*

【别名】

美人木

【形态特征】

多分枝直立落叶灌木，高 1.5～3 米，幼枝被柔毛，老枝皮剥落。叶对生，有短柄，椭圆形至卵状长圆形，长 3～8 厘米，宽 1.5～3(～5.5)厘米，近全缘或有疏浅齿，先端渐尖，基部近圆形，上面疏生短柔毛，下面脉上有柔毛。伞房状的圆锥聚伞花序生侧枝顶端；每一聚伞花序有 2 朵花，2 朵花的萼筒下部合生；萼筒有开展的长柔毛，在子房以上处缢缩似颈，裂片 5 片，钻状披针形，长 3～4 毫米，有短柔毛；花冠钟状，粉红色至紫色，喉部黄色，外有微毛，裂片 5 片，略不等长；雄蕊 4 枚，2 长 2 短，内藏；子房下位，3 室，常仅 1 室发育。瘦果 2 个合生，通常只 1 个发育成熟，连同果梗密被硬刺状刚毛，顶端具宿存花萼。5—6 月开花，着花繁密，粉红至紫色，非常艳丽。果实密被毛刺，形如刺猬，蝟实也因此得名。果熟期 8—9 月。蝟实的形态见图 3-21。

1—花枝；2—花放大；3—花纵剖面放大；

4—子房横切面放大；5—花图式；6—幼果放大。

图 3-21　蝟实 *Kolkwitzia amabilis* Graebn.

［资料来源：《中国植物志》（第七十二卷），第 115 页］

【生境】

蝟实分布区属于冬春干燥寒冷、夏秋炎热多雨的半湿润半干旱气候。为喜光树种，在林荫下生长细弱，不能正常开花结实；有一定的耐寒力，极端最低气温可达－21 ℃，年平均气温 12～15 ℃；有一定的耐干旱能力，年降水量 500～1 100 毫米，在相对湿度过大、雨量多的地方，常生不良，易罹病虫害。要求湿润肥沃及排水良好的土壤，呈微酸性至微碱性。它在土层薄、岩石裸露的阳坡上也能正常生长，但在水湿地因侧根易腐烂而逐渐枯死。

【生态地理分布】

徐州地区泉山、马陵山少量分布，在园林绿地中多应用。

国内主要分布于山西平顺县和中条山，河南济源、嵩县、灵宝、卢氏、栾川，陕西华阴市、山阳县，甘肃天水市、徽县，湖北神农架林区、郧西、房县、均县镇，安徽金寨、霍山、贵池区等地，海拔 350～1 340(～1 900)米的阳坡或半阳坡。

【濒危原因】

蝟实是稀有种。蝟实是我国特有的单种属。由于不合理开垦和过度放牧，加之樵采频繁，植被破坏严重，致使生境恶化，天然更新不良，植株日趋稀少。同时蝟实种皮坚硬，果实具刺毛，落果钩悬灌木草层，悬垂空中，或虽落地面因表土干燥，常不易发芽。加以食果害虫严重，种子孔粒多，因而一般天然下种更新苗很少。随着旅游业的发展，蝟实由于分布于低山区，人为活动频繁，植被破坏严重，致使群落生态环境严重退化，更新困难，植株逐渐减少。

【保护价值】

蝟实是秦岭至大别山区的古老残遗种，形态特殊，与忍冬科其他植物种的差异较大。它在研究植物区系、古地理和忍冬科系统发育等方面有一定的科学价值。它花序簇拥，花色艳丽，是一种具有较高观赏价值的花木。

【保护对策】

应对蝟实现有种群进行重点保护，禁止人为干扰，偷采盗挖；恢复及保护适生环境，人工抚育，扩大现有种群数量；并在它的分布适生地区试验播种繁殖，扩大园林应用。

【保护级别】

稀有种，为我国特有单种属植物，本书建议划定为徐州地区二级保护种，1987 年被定义为中国珍稀濒危植物三级保护植物。

【栽培要点】

蝟实可采用播种、扦插、分株、压条繁殖。

播种繁殖：选择健壮母株，每年 9 月采收成熟果实，种子湿沙层积储藏越冬，于 3 月下旬—4 月上旬条播于湿润的苗床中，覆土厚约 2 厘米，然后用塑料薄膜覆盖苗床，半月后即可出苗。待幼苗出齐后，逐渐撤去塑料薄膜。春播后发芽整齐。

扦插繁殖：可在春季选取粗壮休眠枝，或在 6—7 月间用半木质化嫩枝，长 12～15 厘米，扦插在沙质壤土的苗床中，插条入土深度为条长的 1/2～2/3。插条后浇透水，用塑料薄膜覆盖苗床，其上再搭遮阳网，保持苗床湿润。3 星期后即可生根，可逐渐撤除薄膜。分株繁殖于春、秋两季均可，秋季分株后假植到春天栽植，易于成活。

三、青檀

拉丁名：*Pteroceltis tatarinowii* Maxim.

【分类】

被子植物，榆科 Ulmaceae　　青檀属 *Pteroceltis*

【别名】

翼朴、檀皮、檀树

【形态特征】

落叶乔木，植株高可达 20 米。树皮淡灰色，幼时光滑，老时裂成长片剥落状，剥落后露出灰绿色的内皮，树干常凹凸不圆。小枝栗褐色或灰褐色，细弱，无毛或被柔毛；冬芽卵圆形，红褐色，被毛。单叶互生，纸质，卵形或椭圆状卵形，长 3～13 厘米，宽 2～4 厘米，先端渐尖至尾状渐尖，基部楔形、圆形或截形，稍歪斜，边缘有锐尖单锯齿，近基部全缘，三出脉，侧生的一对近直伸达叶的上部，侧脉在近叶缘处弧曲，上面幼时被短硬毛，后脱落常残留小圆点，光滑或稍粗糙，下面在脉上有稀疏的或较密的短柔毛，脉腋有簇毛，或全部有毛；叶柄长 5～15 毫米。花单性，雌雄同株，生于当年生枝叶腋；雄花簇生于下部叶腋，花被片 5 片，雄蕊与花被片同数对生，花药顶端有毛；雌花单生于上部叶腋，花被片 4 片，披针形，子房侧向压扁，花柱 2 枚。小坚果两侧有翅，翅稍带木质，近圆形或近方形，宽 1～1.7 厘米，两端内凹，果柄纤细，比叶柄稍长，被短柔毛。花期 4—5 月，果期 8—9 月。青檀的形态见图 3-22。

【生境】

青檀是阳性树种，常生于山麓、林缘、沟谷、河滩、溪旁及峭壁石隙等处，成小片纯林或与其他树种混生。它的适应性较强，喜钙，喜生于石灰岩山地，也能在花岗岩、砂岩地区生长；较耐干旱瘠薄，根系发达，常在岩石隙缝间盘旋伸展。它生长速度中等，萌蘖性强，寿命长，山东等地庙宇留有千年古树。

【生态地理分布】

徐州地区石灰岩山地的主要造林树种之一，泉山、马陵山、邳州等有少量分布。

青檀在中国分布较广，辽宁、河北、山东、山西、甘肃、陕西、青海、四川、贵州、湖南、江苏、安徽、浙江、福建、江西、广东、广西等地都有分布。以安徽宣城、宁国、泾县较为集中。

1—果枝;2—枝皮;3—雌花;4—雄花;5—雄蕊。

图 3-22 青檀 *Pteroceltis tatarinowii* Maxim.

[资料来源:《中国植物志》(第二十二卷),第 381 页]

【濒危原因】

青檀的茎皮为优质宣纸原料,长期以来由于大量剥皮,乱砍滥伐,使这一分布较广的树种濒临灭绝,同时青檀种子自然繁殖力较弱。

【保护价值】

青檀是我国特有的单种属植物,在研究榆科系统发育上有学术价值。它的茎皮、枝皮纤维是生产驰名国内外书画宣纸的优质原料;木材坚实致密,韧性强,耐磨损,是制家具、农具、绘图板和作细木工的良材。它还可作石灰岩山地的造林树种。

青檀是我国特有珍贵树种。能保存千年如新的宣纸是由青檀皮制成的,宣纸绵韧、洁白、纹理美观、搓折无损、久不变色、润墨性强,不仅是名家用于绘画、书法的珍品,而且是外交照会、历史档案、贵重史料复印的绝好用纸。青檀树叶和果实能作饲料。细枝可编筐;树干虽不圆满,但木材细密,顶坚硬,可用作车轴、小农具、家具、砧板及各种木柄。

【保护对策】

对青檀分布比较密集的地方要制订保护措施,避免不合理的乱砍滥伐;采取人工促进更新措施，扩大分布面积。在适生区域育苗造林，大力扩大种植，建立生产宣纸的原料基地，同时采取矮林作业方式生产纸张原料，以解决青檀用材和树皮原料的供需矛盾。

【保护级别】

青檀为我国特有种，1987 年被定为国家三级保护植物；本书建议划定为徐州地区二级保护种。

【栽培要点】

青檀主要繁殖方式为种子繁殖和无性繁殖。

种子繁殖：青檀种子在“处暑”到“白露”期间成熟，果实变黄，及时采种。果实采回后应去翅，阴干，防潮湿，但也不能过分干燥，以免影响发芽率。青檀随采随播或春播（2 月），播种前种子催芽处理，具体方法为冷水或温水浸种 2～3 天，每天换水，种皮柔软后有利于发芽。青檀春播一般在 2 月，播种量为每公顷 30 千克。条播，沟深 2～3 厘米，覆土厚度 1～2 厘米，覆盖薄膜或草帘保湿保温，半个月左右青檀发芽出土。

扦插繁殖分为硬枝扦插与嫩枝扦插。3 月中旬，在青檀树液刚刚流动的时候，选取 1 年生硬枝，选取中上部枝条作为插穗，插穗粗 0.8～1.2 厘米，长 15 厘米。上端截平，下端马蹄形，每穗 2～4 个芽。200 毫克/升萘乙酸浸泡 1 小时进行扦插。选取当年生嫩枝，适当浓度生根粉处理后进行扦插。选择透气性好的河沙、蛭石、珍珠岩等为扦插基质。

压条繁殖：选用在根部萌发或以矮林作业所萌发的 1 年生健壮枝条，条粗 0.7 厘米左右，压条时间以冬季或早春为宜。青檀细长的枝条弓形压弯。中间埋在土里，2～3 个月后可生根，待压在土里的部分已生根，将其砍断，形成新的植株。

四、杜仲

拉丁名：*Eucommia ulmoides* Oliver

【分类】

被子植物，杜仲科 Eucommiaceae　　杜仲属 *Eucommia*

【别名】

思仲、棉皮、丝棉木、扯丝皮

【形态特征】

落叶乔木。植株高达 15～20 米，胸径约 50 厘米；树皮灰褐色，粗糙，连同枝、叶、根都含橡胶，折断拉开有白色细丝。叶互生，椭圆形或椭圆状卵形，长 6～15 厘米，宽 3.5～6.5 厘米．先端渐尖，基部圆形或宽楔形，边缘有细锯齿，上面暗绿色，初时有褐色柔毛，后变无毛，老叶略有皱纹，下面仅脉上有柔毛，侧脉6～9对，与网脉在上面凹下，在下面隆起；叶柄长1.2～2厘米。花单性，雌雄异株，生于当年生枝基部，无花被，与叶同时或比叶先开放；雄花簇体，花梗长约3毫米，苞片倒卵状匙形，早落，花丝短，花药4官，线形；雌花单生，花梗长约8毫米，苞片倒卵形，心皮2枚，子房上位，1室，无毛，扁而长，柱头2枚。翅果长椭圆状，扁平，长3～4厘米，宽6～12毫米，先端2裂，基部楔状，周围有薄翅。种子1，扁平，线形，长约1.5厘米，宽约3毫米。杜仲的形态见图3-23。

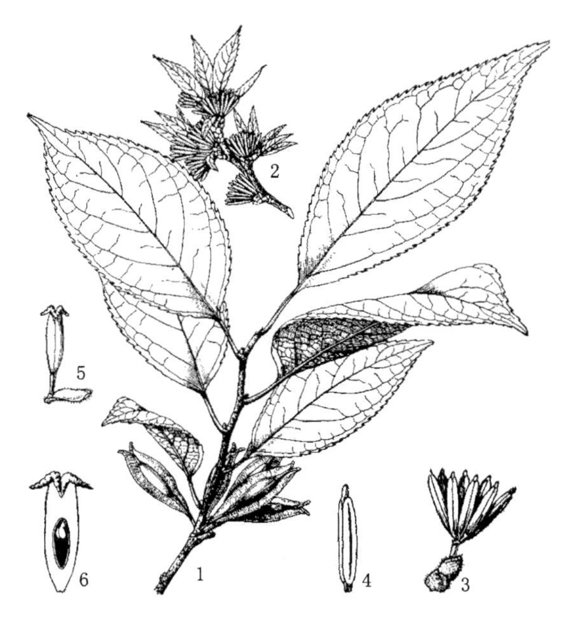

1—果枝；2—花枝；3—雄花；4—雄蕊；5—雌花；6—子房纵剖面。

图3-23 杜仲 *Eucommia ulmoides* Oliver

［资料来源：《中国植物志》（第三十五卷 第二分册），第117页］

【生境】

杜仲产区处于中亚热带和暖温带交界处，年平均气温为13～17 ℃，年降水量为500～1 500毫米。它喜温凉、湿润、阳光较充足和土层深厚、疏松、排水良好的生境。在碱性土生长良好，酸性土也能生长，能耐－20 ℃低温和39 ℃高温。它是中性树种，树冠开展，根系发达。

【生态地理分布】

徐州地区淮塔公园、云龙湖风景区有少量分布。

在中国，零星散产于河南西部，陕西南部，甘肃东部，四川，贵州，湖北西部和湖南西北部。此外，上述各省和辽宁、河北、山西、山东、江苏、浙江、安徽、江西、福建、台湾、广西、广东、云南等地都有栽培。通常生于海拔 300～2 500 米的地带。

【濒危原因】

由于杜仲药用价值高，长期以来，以杀鸡取卵的方法进行砍伐利用，野生大树被砍伐殆尽，仅残留少量的幼树。加以自然植被破坏严重，生境恶化，对其自然更新生长也极为不利，野生种源愈来愈少。

【保护价值】

杜仲是我国特有的单属科、单种属植物。它是我国特有古生孑遗植物，在研究被子植物系统演化上有重要的科学价值。它的树皮即名贵中药杜仲。杜仲有补肝肾、强筋骨、安胎、降血压的功效。除药用外，杜仲皮、叶和果实均含杜仲胶，其经济价值高出普通橡胶数倍，具有高度绝缘性、绝热性，兼抗酸碱、油及化学药物侵蚀。杜仲胶在工业上用作制造海底电缆及黏着剂，还是制作各种医用器材，如探针、管子、注射器的优良材料。杜仲木材纹理细、不裂不翘，是家具、器具等的良材。它树形美观，果形奇特，又是良好的庭园观赏树种。实为名药、优胶、良材的宝树。

【保护对策】

对现在杜仲栽植分布的地方，都应重视保护，建立保护点，禁止砍伐和破坏。开展育苗造林，扩大种植面积，建立杜仲药材采集基地，改善剥皮技术。

【保护级别】

杜仲为我国特有种，1987 年被列为国家二级保护植物；本书建议划定为徐州地区二级保护种。

【栽培要点】

杜仲可采用播种、扦插、压条等繁殖技术。

种子繁殖。应选择 20 龄左右的壮龄母株采种。种子阴干后宜保存在12 ℃以下的干燥处(一年以上的种子不宜使用)。播种前可以破开果皮，或用温水浸种处理，或放在湿沙内催芽，待胚根萌动后，再行播种，播种量为每亩 6～7.5 千克。1 年生苗就可出圃，造林地土壤要求肥沃。

扦插繁殖：选择当年新生、木质化程度较低的嫩枝作插穗，扦插前 5 天剪去顶芽，这样可使嫩枝生长得更加粗壮，扦插后也容易发根。插穗剪成 6～8 厘米长，每枝只保留 2～3 片叶，插入湿沙 3 厘米，插后每天浇水 2～3 次，经 15～40 天后长出新根，应及时移入苗圃地，培育 1 年后定植。

五、野大豆

拉丁名：*Glycine soja* Sieb. et Zucc.

【分类】

被子植物，豆科 Leguminosae　　大豆属 *Glycine*

【别名】

野豆、蓢豆、山豆、爬豆、裂豆、小黑豆、小麻豆

【形态特征】

1 年生缠绕草本。茎缠绕、细弱，疏生黄褐色长硬毛。羽状复叶，有 3 片小叶；小叶卵圆形、卵状椭圆形或卵状披针形，长 3.5～5(～6)厘米，宽 1.5～2.5 厘米，先端锐尖至钝圆，基部近圆形，两面被毛。总状花序腋生；花蝶形，长约5 毫米，淡紫红色；苞片披针形，花萼钟状，密生黄色长硬毛，5 齿裂，裂片三角状披针形，先端锐尖；旗瓣近圆形，先端微凹，基部有短爪，翼瓣歪倒卵形，有耳，龙骨瓣较旗瓣和翼瓣短；雄蕊 10 枚，成两体；花柱短而向一侧弯曲。荚果狭长圆形或镰刀形，两侧稍扁，长 7～23 毫米，宽 4～5 毫米，密被黄色长硬毛，种子间缢缩，含 3 粒种子。种子长圆形、椭圆形或近球形或稍扁，长 2.5～4 毫米，直径 1.8～2.5 毫米，褐色、黑褐色、黄色、绿色或呈黄黑双色。花期 7—9 月，果期 8—9 月。野大豆的形态见图 3-24。

【生境】

野大豆分布区是从寒温带到亚热带的广大地区。喜光性强，无论在杂草丛中，灌木林中，为了与伴生植物争夺阳光，都能长到最高处，在缺少阳光的林下生长不旺盛。在茂密的森林中不存在。耐水性强，所形成的群落多分布在河流两岸，水沟里、池塘边及多雨潮湿的山坡上，有的下部泡在水里，上部仍生长旺盛。有抗寒性，在－41 ℃的低温下还能安全越冬。对土壤要求不严格，黏土、沙土、壤土、微酸土和微碱性土均能生长，耐盐碱，在肥沃的土壤中植株生长旺盛。

【生态地理分布】

在徐州地区的山野、路边、低山、丘陵广有分布。

在我国分布较广，从我国东北乌苏里江沿岸和沿海岛屿至西北(除新疆、宁夏外)、西南(除西藏外)直达华南、华东都有星散生长。它的主要分布区在长江流域和东北地区。

【濒危原因】

野大豆生态环境极易受人为的和自然的因素干扰，如开垦、森林采伐、水淹或冲蚀。其生长范围日渐缩小，分布虽广，但数量不多。由于人们一般视野大

1—植株一部分;2—花;3—翼瓣;4—龙骨瓣;5—旗瓣;6—雄蕊;7—雌蕊。

图 3-24 野大豆 *Glycine soja* Sieb. et Zucc.

(资料来源:《中国珍稀濒危植物》,第 192 页)

豆为“草芥”,而且是野生动物和家畜喜食的牧草,致使过度利用,植株数量日渐减少。该种在我国分布较多。

【保护价值】

野大豆具有高度抗病虫和适应性广的特点,是培育新品种珍贵的原始材料,而且还是研究大豆起源、进化、生态、分类、遗传、生理的重要研究材料。同时,种子除了榨油食用外,在民间还有药用,有利尿、平肝敛汗、明目之功效。茎、叶又是优良饲料。野大豆有耐盐碱、抗寒、抗病等许多优良性状,与大豆又是近缘种,所以它在育种上有重要的利用价值。

【保护对策】

在开荒、放牧和基本建设中,应注意对野生大豆资源的保护。保护野大豆的生态环境,在其集中生长的地段设立特殊标志,提醒当地居民不要垦毁。野大豆在我国分布较多,目前还不至于濒临灭绝,可以采用控制放牧进行保护,并根据生产和科学研究的需要,选择丰富地区建立野大豆种质资源科学研究保护区，以便更好地研究与开发利用这一宝贵资源。

【保护级别】

野大豆为我国特有种，1987 年被列为国家三级保护植物；本书建议划定为徐州地区二级保护种。

【栽培要点】

野大豆常用种子繁殖。春天播种，种子不需作任何处理，土壤墒情好的条件下 7～10 天可出苗，否则时间推迟而且出苗不齐。由于野大豆种子小，出土能力较差，一般播种时与表土混合即可，覆土最多不超过 1 厘米，过深则出土困难。出苗后，地下部分生长迅速，地上部分生长缓慢，当地上部分长到 2～4 厘米时，地下部分可达 15～20 厘米。因此，注意适当浅播，既能早出苗也不影响扎根。在整个生育期内，应尽量保持其自然的生态环境，如不除草，宜种植一些伴生植物或在蔓化前用小竹竿搭架等措施，促其生长繁茂。

六、狭叶瓶尔小草

拉丁名：*Ophioglossum thermale* Kom.

【分类】

蕨类植物，瓶尔小草科 Ophioglossaceae　　瓶尔小草属 *Ophioglossum*

【形态特征】

微小草本，植株高 10～16 厘米。根状茎短，圆柱形，向下生出不分枝的细长肉质根，向上生出有总柄的二型叶或单一的营养叶。单一的营养叶有长柄，叶片长 2～6 厘米，宽 3～10 毫米，披针形或倒披针形，先端钝或微尖，基部楔形，全缘；叶脉网状，不明显；叶纸质，淡绿色，光滑；从总柄上生出的营养叶较小，无柄。孢子叶长自营养叶基部，有 5～7 厘米的长柄，叶片狭缩成线形，特化成生两行孢子囊的穗，长 2～3 厘米，顶端有小突尖，生孢子囊 15～28 对。孢子圆形，有细网状纹饰。狭叶瓶尔小草的形态见图 3-25。

【生境】

狭叶瓶尔小草是中等喜光的蕨类植物，喜生于向阳或半阳山坡草地，林缘和稀疏灌木丛中。喜腐殖质深厚的土壤，但在瘠薄陡坡地、石砾地岩石缝中也可以生长。耐寒冷，甚至可耐－40 ℃的低温。耐干旱，怕水渍和空气湿润之地，这与一般蕨类喜林下阴湿环境不同。

【生态地理分布】

徐州地区泉山、马陵山有零星分布。

在我国，产于黑龙江帽儿山，吉林长白山和安图、抚松、靖宇县，辽宁桓仁满族自治县，内蒙古库伦旗，河南商城、桐柏、内乡、西峡、新县，陕西岚皋、佛坪、周

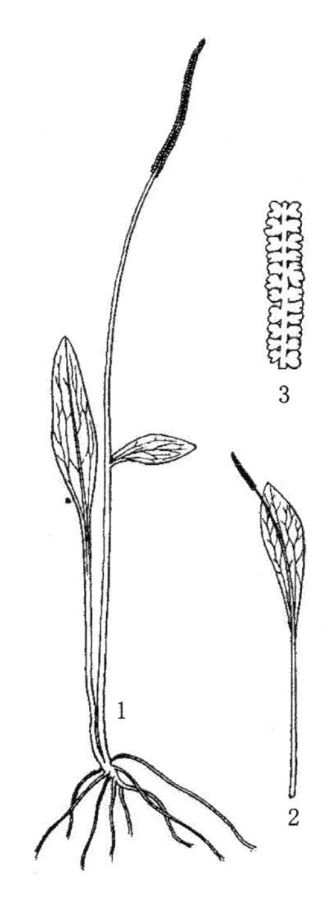

1—植物全形；2——个不育叶片和孢子囊穗；3—孢子囊穗的一部分。

图 3-25　狭叶瓶尔小草 *Ophioglossum thermale* Kom.

［资料来源：《中国植物志》(第二卷)，第 9 页］

至、太白县，湖北京山县，江西濂溪区、井冈山市和永丰县，云南香格里拉市和贵州贵定县等。此外，在朝鲜和日本也有分布。

【濒危原因】

狭叶瓶尔小草植株多零散片状聚生，多有孢子囊穗形成。由于孢子微小，孢子萌发过程极慢，在阳光直射或土壤干燥处都易丧失发芽力，而且配子体和孢子体有与真菌共生的特性，天然更新较难，更新幼苗极少，分布范围极为狭窄。

【保护价值】

狭叶瓶尔小草为我国特产稀有植物和原始类型的厚囊蕨纲中小型成员。它作为形态独特而且系统发育孤立的蕨类，是微管植物中比较古老的类群，且对于研究蕨类植物的系统演化和徐州植物区系成分都有一定的学术价值。全草可入药，性凉，味甘而酸，有活血散瘀、消肿解毒之效，可治无名肿毒、跌打损伤，以及毒蛇咬伤。它被称为最耐高温的植物。

【保护对策】

建议将狭叶瓶尔小草生长集中之地划为保护点，在有条件的地区，设立固定围栏，加以重点保护。同时观察研究其生长繁殖的适生条件，进行人工抚育促进更新，并可在山地筑床，进行孢子繁殖育苗实验，以便扩大种群数量，逐渐加以开发利用这一珍稀药用植物资源。

【保护级别】

狭叶瓶尔小草为我国特有种，1987 年被列为国家二级保护植物；本书建议划定为徐州地区二级保护种。

【栽培要点】

可试行孢子繁殖或分株繁殖。狭叶瓶尔小草为蕨类植物，没有两性生殖器官，自然界主要依靠孢子繁殖，尚无人工繁殖经验。利用其孢子囊穗的孢子进行单性繁殖，选排水、通气良好的泥炭土，浇透水后置高压蒸汽(121 ℃)湿热消毒灭菌 1 小时左右，待冷却后，装入花盆，将带孢子叶的孢子囊穗平铺在盆土表面稍加紧压，然后覆盖塑料薄膜以保持温、湿度，并略留缝隙，以利通气。盆土出现干旱，可用喷雾或渗水补给清水，并置于温暖湿润、光线微弱阴暗的环境中培养，经 1～2 个月，孢子可生根发芽，长出小植株。其繁殖可采用分株法，以模拟生境栽培措施，带宿土进行移植。

七、核桃

拉丁名：*Juglans regia* L.

【分类】

被子植物，胡桃科 Juglandaceae　　胡桃属 *Juglans*

【别名】

胡桃、核桃树

【形态特征】

落叶乔木，植株高可达 30 米。奇数羽状复叶，长 25～40 厘米；小叶 5～11 片，椭圆状卵形或长椭圆形，长 6～15 厘米，宽 3～6 厘米，上面无毛，下面脉腋有短簇毛；小叶柄极短或无柄。花雌雄同株；雄花为柔荑花序，下垂，长 5～10 厘米；雌花序穗状，直立，1～3 朵花，稀多花，花柱短，柱头 2 裂，子房密被腺毛。核果球形或椭圆形，直径 4～5 厘米，幼时有腺毛，老时光滑；外果皮肉质，内果皮骨质，表面凹凸或皱褶，有两条纵横，先端有短尖头。核桃的形态见图 3-26。

【生境】

核桃喜光性强，不耐庇荫，在郁闭度高达 0.8 左右的林下，幼苗极少，生长较差；而在郁闭度 0.3～0.5 的疏林下，幼苗较多，生长较好。喜温暖、湿润、凉

1—果枝；2—果核；3—沿果缝的纵剖面；4—沿果背的纵剖面；5—果实横切面。

图 3-26　核桃 *Juglans regia* L.

（资料来源：《中国珍稀濒危植物》，第 167 页）

爽的气候和深厚、疏松、肥沃、湿润的土壤，较耐寒冷和大气干旱，不耐湿热和盐碱。在天然分布区，它长在中山带向下和低山带向上的阴坡下层或峡谷底部。由于地理条件较优越，周围高大山体作为天然屏障挡住西伯利亚寒流和荒漠地带干旱气流的袭击，同时又能优先承受从西面山口进入的温和湿润气流，使产地气候适宜，通常年平均气温约为 4.3 ℃，极端最高气温为 32 ℃，极端最低气温为－25 ℃，年降水量为 500～600 毫米，使核桃良好生长，能残存至今。

【生态地理分布】

徐州地区石灰岩山地的树种之一，泉山、云龙山、马陵山、大洞山等广有分布栽培种。

在我国，产于内蒙古南部、吉林、辽宁、河北、山西、山东、江苏、浙江、福建、安徽、江西、河南、陕西、甘肃、四川、云南、贵州、湖北、湖南、广东北部及广西北部等地。西藏德庆、达孜等地有栽培。在吉林垂直分布达海拔 250 米，在河北、山东、山西等地达 1 000～1 200 米，在河南、陕西等地达 1 500 米，在云南中部及西北部达 3 300 米。河北兴隆、山西太行山区、陕西秦岭以北渭河流域及云南澜沧江流域山谷中有天然森林。淮河以北、华北地区石灰岩山地、阳坡及平原多选用造林。野生种仅在霍城大西沟残存几株，濒临灭绝，在巩留县野核桃沟尚存千余株。

【濒危原因】

核桃是渐危种。人为砍伐、连年放牧及自然灾害造成数量减少。

【保护价值】

核桃是著名的木本油料和干果树种。它是珍贵的第三纪残遗植物，在研究古代植物区系的变迁、古地理等方面有重要的科学价值。

【保护对策】

在有核桃栽培的地点进行保护，加大人工繁殖力度，进行保护区和异地保护，对残存的野生植物进行保护，开展人工促进更新。

【保护级别】

核桃为我国特有种，1987 年被列为国家二级保护植物；本书建议划定为徐州地区二级保护种。

【栽培要点】

多为种子繁殖及嫁接繁殖。

8—9 月果熟后采种，脱皮、晾干、干藏。3 月中旬将种子用冷水浸泡 2～3 天，捞出后混湿沙，堆于向阳处。高 30～35 厘米，上面盖 10 厘米厚的湿沙，每天洒水 1 次保持湿润，晚间盖草帘或薄膜保湿保温，10～15 天果壳开裂、露白即可播种。每天挑选 1 次，分批播种，播种时应足墒播种。先按行距 40～50 厘米开沟，株距按 15～20 厘米点播，点播时两条合缝线平行于地面，深度以果上距地表 3～5 厘米为宜，覆土后压实保墒，播种量为 100 千克/亩左右，产苗量 7 000～8 000 株/亩。

嫁接在 3 月下旬—4 月上旬进行。首先采集接穗，3 月中旬在芽即将萌动时，采集生长健壮、无病虫害的 1 年生枝作接穗，采后分品种进行湿沙贮藏，4 月上旬待核桃砧木芽萌动开始嫁接。砧木要求粗度在 1.5 厘米左右，距地面 10 厘米处进行嫁接。核桃嫁接时有伤流，不易成活，嫁接前 12 小时内必须在根茎部刻伤至木质部“放水”，再行劈接或插皮接，接后用塑料条绑紧伤口，接穗上端用漆涂抹防止水分蒸发。成活后及时除萌松绑，松绑时间以新梢生长 20 厘米以上时进行为宜。待嫁接苗长至 40 厘米左右时，用小竹竿或木棍固定，以防风折。

八、榉树

拉丁名：*Zelkova serrata*（Thunb.）Makino

【分类】

被子植物，榆科 Ulmaceae　　榉属 *Zelkova*

【别名】

光叶榉、鸡油树、光光榆、马柳光树、血榉

【形态特征】

落叶乔木，高达 30 米，胸径达 110 厘米；树皮灰白色或褐灰色，呈不规则的片状剥落；当年生枝紫褐色或棕褐色，疏被短柔毛，后渐脱落；冬芽圆锥状卵形或椭圆状卵形。叶薄纸质至厚纸质，大小形状变异很大，卵形、椭圆形或卵状披针形，长 3～10 厘米，宽 1.5～5 厘米，先端渐尖或尾状渐尖，基部有的稍偏斜，圆形或浅心形，稀宽楔形，叶面绿，干后绿或深绿，稀暗褐色，稀带光泽，幼时疏生糙毛，后脱落变平滑，叶背浅绿，幼时被短柔毛，后脱落或仅沿主脉两侧残留有稀疏的柔毛，边缘有圆齿状锯齿，具短尖头，侧脉(5～)7～14 对；叶柄粗短，长 2～6 毫米，被短柔毛；托叶膜质，紫褐色，披针形，长 7～9 毫米。雄花具极短的梗，径约 3 毫米，花被裂至中部，花被裂片(5～)6～7 (～8)，不等大，外面被细毛，退化子房缺；雌花近无梗，径约 1.5 毫米，花被片 4～5 (～6)，外面被细毛，子房被细毛。核果几乎无梗，淡绿色，斜卵状圆锥形，上面偏斜，凹陷，直径 2.5～3.5 毫米，具背腹脊，网肋明显，表面被柔毛，具宿存的花被。花期 3—4 月，果期 9—11 月。榉树的形态见图 3-27。

【生境】

生于温暖湿润气候及肥沃的酸性、中性或钙质土壤，忌积水。

【生态地理分布】

徐州泉山、马陵山、邳州有自然分布的植株，在园林中广为应用。

在中国，分布于辽宁(大连)、陕西(秦岭)、甘肃(秦岭)、山东、江苏、安徽、浙江、江西、福建、台湾、河南、湖北、湖南和广东等地。在日本和朝鲜也有分布。

【濒危原因】

炸山采石、开山筑路、偷采盗挖。

【保护价值】

木材纹理细致，强韧坚重，耐水湿；茎皮纤维可制人造棉和绳索；树皮和叶片可入药。同时榉树耐烟尘及有害气体，对土壤适应性强，喜光、深根性，侧根广展，为行道树与防风林的良好树种。此外，该种秋季叶色变红，为优良的绿化观赏树种，适合于庭园配置，我国素有“前榉后朴”的传统配置方式。

【保护对策】

采取积极保护措施，在野生榉树分布地，禁止人为干扰，禁止私自上山偷采

1—果枝;2—花枝;3—雄花;4—雌花。

图 3-27 榉树 *Zelkova serrata*(Thunb.)Makino

[资料来源:《秦岭植物志》(第一卷 第二册),第 90 页]

盗挖。进行人工抚育,逐步扩大植株数量,使种群数量逐步增加。适当推广榉树在园林中的应用。

【保护级别】

榉树为国家一级保护树种、江苏省重点保护植物,本书建议划定为徐州地区二级保护种。

【栽培要点】

榉树可采用种子繁殖、扦插、嫁接及组织培养繁殖。

种子繁殖为主要方式。选取性状优良,健康的母株于每年的 10 月下旬—11 月上旬采种,室内通风干燥 2～3 天,水选后室内自然干燥 5～8 天备用。晚秋或早春播种。播种量为 30 千克/公顷。条播,行距为 20 厘米,覆土厚度为 0.5 厘米。播种后 25～30 天种子发芽出土。

扦插繁殖:每年 8—11 月,选择健壮的枝条,粗度大于 0.8 厘米,扦插前用生长素处理(250 毫克/升萘乙酸浸泡枝条下端半小时),扦插基质可以为河沙、蛭石、珍珠岩等，扦插后覆膜保湿保温，第二年春季4月萌发新芽。5月中旬移栽。榉树嫁接可以用榆树为砧木进行嫁接。

九、落羽杉

拉丁名：*Taxodium distichum*（L.）Rich.

【分类】

裸子植物，杉科 Taxodiaceae　　落羽杉属 *Taxodium*

【别名】

落羽松

【形态特征】

落叶乔木，高可达30～50米，胸径可达2米；树干尖削度大，干基通常膨大，常有屈膝状的呼吸根；树皮棕色，裂成长条片脱落；枝条水平开展，幼树树冠圆锥形，老则呈宽圆锥状；新生幼枝绿色，到冬季则变为棕色；生叶的侧生小枝排成二列。叶片线形，扁平，基部扭转在小枝上列成二列，羽状，长1～1.5厘米，宽约1毫米，先端尖，上面中脉凹下，淡绿色，下面黄绿色或灰绿色，中脉隆起，每边有4～8条气孔线，凋落前变成暗红褐色。雄球花卵圆形，有短梗，在小枝顶端排列成总状花序状或圆锥花序状。球果圆球形或卵球形，有短梗，向下斜垂，熟时淡褐黄色，有白粉，直径约为2.5厘米；种鳞木质，盾形，顶部有明显或微明显的纵槽；种子不规则三角形，有锐棱，长1.2～1.8厘米，褐色。球果10月成熟。落羽杉的形态见图3-28。

【生境】

原产北美东南部，性喜潮湿，耐水淹，生于沼泽地区及水湿地上，也具有一定的耐旱能力，被称为“两栖”树。生于亚热带温暖地区，深根性，喜光，对温度的适应性强，抗风性强，喜深厚、疏松、湿润的酸性土壤。

【生态地理分布】

徐州园林绿地少量种植。

我国在广州、杭州、上海、南京、武汉、庐山及河南鸡公山等地引种栽培，生长良好。

【濒危原因】

落羽杉为外引树种，种质资源贫乏，种子空粒多，发芽率较低，在徐州数量极少，生长良好。

【保护价值】

木材重，纹理直，结构较粗，硬度适中，耐腐力强，可作建筑、电杆、船舶、家具等用。我国江南低湿地区用之造林或栽培作庭院树。树形美观，为观赏树。

1—球果枝;2—种鳞顶部;3—种鳞侧面;4—小枝及叶;5—小枝与叶的一段。

图 3-28 落羽杉 *Taxodium distichum* (L.) Rich. (1～3)

池杉 *Taxodium ascendens* Brongn. (4～5)

[资料来源:《中国植物志》(第七卷),第 306 页]

【保护对策】

保护现有园林绿地中的落羽杉植株,加大人工繁殖栽培力度,增加本地种群的数量。

【保护级别】

本书建议落羽杉划定为徐州地区二级保护种。

【栽培要点】

落羽杉的繁殖以播种及扦插为主。

种子繁殖:每年 12 月—次年 1 月获得净种。落羽杉种子因为具有坚硬的外壳,吸水困难,内含抑制性物质,所以发芽慢。因此种子放在湿沙层里低温层积,其持续时间长,有时达 80 天以上,如春季播种到夏季才出苗,严重影响成苗和苗木生长,故应在秋冬季采集种子,经处理得到净种子后,于 12 月进行湿沙层积，在催芽 90 天后播种。播种落羽杉时，选择肥沃、湿润的微酸性沙壤土作床，条播，行距为 20 厘米，每亩播种量为 8～10 千克。播后常规管理，1 年生苗高达 60～80 厘米时即可出圃定植。

嫩枝扦插：于 7 月中下旬采集母树中上部当年生半木质化侧梢，穗条长 12 厘米左右。插床基质为细河沙，扦前用 0.5%高锰酸钾严格消毒。扦插深度约为穗条长的 1/2，插后浇足水分，然后用塑料薄膜拱棚封闭保湿。15 天后开始生根。硬枝扦插：可在春季用完全木质化的枝条，剪成长 10～12 厘米的插穗，用 100～150 毫克/升的萘乙酸处理 24 小时，插于壤土苗床中。

十、池杉

拉丁名：*Taxodium ascendens* Brongn.

【分类】

裸子植物，杉科 Taxodiaceae　　落羽杉属 *Taxodium*

【别名】

池柏、沼落羽松

【形态特征】

落叶乔木，高可达 25 米；树干基部膨大，通常有屈膝状的呼吸根（低湿地生长尤为显著）；树皮褐色，纵裂，成长条片脱落；枝条向上伸展，树冠较窄，呈尖塔形；当年生小枝绿色，细长，通常微向下弯垂，2 年生小枝呈褐红色。叶钻形，微内曲，在枝上螺旋状伸展，上部微向外伸展或近直展，下部通常贴近小枝，基部下延，长 4～10 毫米，基部宽约 1 毫米，向上渐窄，先端有渐尖的锐尖头，下面有棱脊，上面中脉微隆起，每边有 2～4 条气孔线。球果圆球形或矩圆状球形，有短梗，向下斜垂，熟时褐黄色，长 2～4 厘米，直径为 1.8～3 厘米；种鳞木质，盾形，中部种鳞高 1.5～2 厘米；种子不规则三角形，微扁，红褐色，长 1.3～1.8 厘米，宽 0.5～1.1 厘米，边缘有锐脊。花期 3—4 月，球果 10 月成熟。池杉的形态见图 3-28。

【生境】

原产于美国东南部，常见于沿海平原的沼泽地和低湿地。强阳性树种，不耐阴。喜温暖、湿润环境，稍耐寒。适生于深厚疏松的酸性或微酸性土壤，苗在碱性土种植时黄化严重，生长不良，长大后抗碱能力增加。耐涝，也能耐旱。生长迅速，抗风力强。萌芽力强。

【生态地理分布】

徐州地区园林绿地有栽培。

我国江苏南京、南通和浙江杭州、河南鸡公山、湖北武汉等地引种栽培，生长良好。

【濒危原因】

徐州数量稀少，多年引种生长良好，但作为外引树种，种质资源贫乏。

【保护价值】

木材干后不宜变形，抗白蚁；供桥梁、桩柱等用材，可用为低湿地的造林树种或作庭院树。木材性质和用途与落羽杉相同。心材、边材区别明显，纹理通直，材质轻软，结构较粗，不宜挠曲开裂，耐腐性强，并耐白蚁蛀蚀，为次于杉木而优于水杉的一类木材，供建筑、枕木、桥梁、船舶、家具及车辆等用材。

【保护对策】

保护现有的人工池杉种群，人工繁育，增加种群个体数量。

【保护级别】

本书建议池杉划定为徐州地区二级保护种。

【栽培要点】

池杉多采用种子繁殖与扦插繁殖。

种子繁殖：选择 15 年生以上的健壮母树采种，10 月中、下旬当球果由黄绿色变为黄褐色，种皮由黄褐色变为深褐色时种子成熟，即可采收。球果阴干。种子可混沙湿藏，也可带果鳞干藏。播种前可用冷水或 40～50 ℃温水浸种 4～5 天，沥干水播种。肥沃湿润的沙壤土(pH 值：5～6.5)播种育苗。冬季(12 月)与春季(2 月中下旬)播种为宜。由于池杉种子不易与球果鳞片分开，生产中大多连同果鳞一起播种。播种方法多用条播，沟深 10 厘米，沟内施足基肥，填些细土，再播入种子，覆土以 2 厘米左右为宜。覆土后随即覆盖一层稻草或地膜，以利保墒并防止土壤板结。

扦插繁殖：当前种源不足的情况下，扦插育苗是池杉繁殖的主要方法。扦插育苗分硬枝扦插、嫩枝扦插。扦插宜用幼龄树的秋梢带踵扦插。插条用生根剂浸泡效果好。移植要带土球，小苗沾泥。

十一、罗汉松

拉丁名：*Podocarpus macrophyllus* (Thunb.) D. Don

【分类】

裸子植物，罗汉松科 Podocarpaceae　　罗汉松属 *Podocarpus*

【别名】

罗汉杉、土杉、罗汉柏

【形态特征】

常绿乔木，高可达 20 米，胸径达 60 厘米；树皮灰色或灰褐色，浅纵裂，成薄片状脱落；枝开展或斜展，较密。叶螺旋状着生，条状披针形，微弯，长 7～10 厘米，宽 7～10 毫米，先端尖，基部楔形，中脉在两面均明显突起，上面深绿色，有光泽，下面带白色、灰绿色或淡绿色。雄球花穗状、腋生，常 3～5 个簇生于极短的总梗上，长 3～5 厘米，基部有数枚三角状苞片；雌球花单生叶腋，有梗，基部有少数苞片。种子卵形或长卵形，直径约 1 厘米，先端圆，熟时肉质假种皮紫黑色，有白粉，种托肉质圆柱形，红色或紫红色，柄长 1～1.5 厘米。花期 4—5 月，种子 8—9 月成熟。罗汉松的形态见图 3-29。

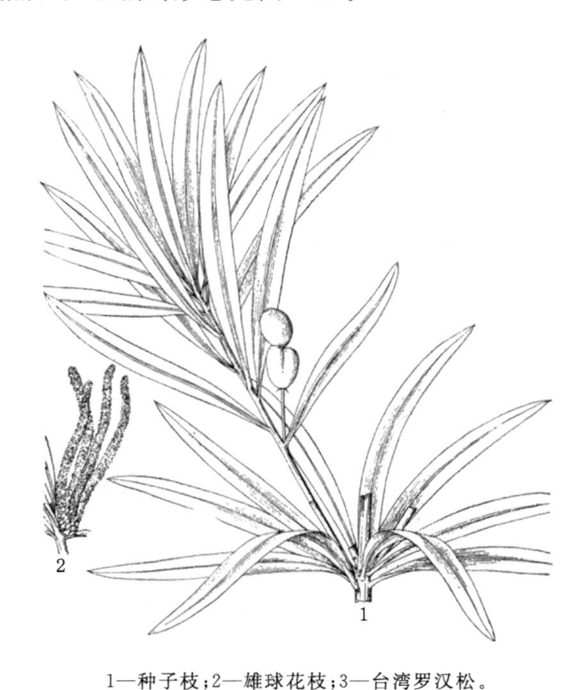

1—种子枝；2—雄球花枝；3—台湾罗汉松。

图 3-29　罗汉松 *Podocarpus macrophyllus*（Thunb.）D. Don

［资料来源：《中国植物志》(第七卷)，第 413 页］

【生境】

罗汉松耐寒性不强，性喜阳，稍耐阴，喜温和、湿润的气候，对严寒的耐受力不强，夏季应避免强光直晒。喜疏松肥沃、腐殖质含量丰富，排水良好的微酸性土壤。

【生态地理分布】

徐州地区园林栽培种分布。

原产于南半球的丘陵地区，在我国主要分布于长江以南的江苏、浙江、福建、安徽、江西、湖南、四川、云南、贵州、广西、广东等地，栽培于庭园作观赏树。野生的树木极少。在云南大理、丽江一带海拔 1 000～2 000 米山地尚有野生。日本也有分布。

【濒危原因】

早年引入园林应用，数量极少，生长良好。

【保护价值】

材质细致均匀，易加工，可作家具、器具、文具及农具等用，是重要的园林绿化植物。材质中等，多树脂，耐水湿，干燥少开裂；供建筑、器具等用；种托稍甜，可食；根皮能活血、止痛、杀虫，治癣疥；种子益气补中，可治心胃气痛等症。多栽培作观赏用。生长缓慢，多呈小乔木或灌木，但亦常能见到数人合抱的大树；木材白色，坚硬耐久，可作建筑用材。

【保护对策】

保护现有的罗汉松种群，人工繁育，增加种群个体数量。

【保护级别】

本书建议罗汉松划定为徐州地区二级保护种。

【栽培要点】

罗汉松常用种子、扦插繁殖。

种子繁殖：秋季在罗汉松健壮母株上采集成熟的种子，采后直播或湿沙拌种催芽。播种沟深 2～2.5 厘米，覆土以 0.5～1 厘米，以不见种子为宜。覆盖地膜，10 天左右出土，除去地膜，进行正常田间管理。

扦插繁殖：在健壮无病虫害的母株上剪取饱满、健壮、未受损伤的当年枝条和先年生枝条，春、夏、秋季均可扦插育苗，枝条修剪成 5～12 厘米长的扦穗，要求扦穗下端切口成马蹄形，剪除部分叶片，进行扦插，覆盖薄膜保湿。

十二、刺榆

拉丁名：*Hemiptelea davidii*（Hance）Planch.

【分类】

被子植物，榆科 Ulmaceae　　刺榆属 *Hemiptelea*

【别名】

刺榆针子、钉枝榆

【形态特征】

落叶小乔木，高可达 10 米，或呈灌丛；树皮深灰色或褐灰色，不规则的条状深裂；小枝灰褐色或紫褐色，被灰白色短柔毛，具粗而硬的棘刺；刺长 2～10 厘米；冬芽常 3 个聚生于叶腋，卵圆形。叶椭圆形或椭圆状长椭圆形，稀倒卵状椭圆形，长 4～7 厘米，宽 1.5～3 厘米，先端急尖或钝圆，基部浅心形或圆形，边缘有整齐的粗锯齿，叶面绿色，幼时被毛，后脱落残留有稍隆起的圆点，叶背淡绿，光滑无毛，或在脉上有稀疏的柔毛，侧脉 8～12 对，排列整齐，斜直出至齿尖；叶柄短，长 3～5 毫米，被短柔毛；托叶矩圆形、长矩圆形或披针形，长 3～4 毫米，淡绿色，边缘具睫毛。小坚果黄绿色，斜卵圆形，两侧扁，长 5～7 毫米，在背侧具窄翅，形似鸡头，翅端渐狭呈缘状，果梗纤细，长 2～4 毫米。花期 4—5 月，果期 9—10 月。刺榆的形态见图 3-30。

1—果枝；2—两性花；3—雄花；4—果实。

图 3-30　刺榆 *Hemiptelea davidii* (Hance) Planch.

[资料来源：《中国植物志》(第二十二卷)，第 379 页]

【生境】

喜光，抗旱、抗寒、抗风沙、耐贫瘠，适应性强，对土壤要求不严。

【生态地理分布】

徐州地区泉山、马陵山少量分布。

产于中国吉林、辽宁、内蒙古、河北、山西、陕西、甘肃、山东、江苏、安徽、浙江、江西、河南、湖北、湖南和广西北部等地；朝鲜半岛亦产。常生于海拔

2 000 米以下的坡地次生林中，正如古诗云："山有枢，湿有榆"，也常见于村落路旁、土堤上、石栎河滩，萌发力强。

【濒危原因】

近年来，由于森林资源砍伐及旅游业的不断发展，刺榆的生态环境和资源受到较大破坏，其个体数量逐渐减少，面临濒危状态。

【保护价值】

刺榆为榆科单种属植物，对研究榆科植物系统演化和区系分析具有重要意义。

耐干旱，各种土质易于生长，可作固沙树种。木材淡褐色，坚硬而细致，可供制农具、器具等；树皮纤维可作人造棉、绳索、麻袋的原料；嫩叶可作饮料；因树枝有棘刺，生长颇速，常成灌木状，故也作绿篱用。种子可榨油。

【保护对策】

严禁砍伐刺榆生长地的森林，并在其集中分布地段设立保护点，进行看护，人工辅助繁殖，增加种群数量，优化环境条件；开展多方面的研究。

【保护级别】

刺榆为我国特有种，本书建议划定为徐州地区二级保护种。

【栽培要点】

刺榆主要以种子繁殖为主，也可嫁接、扦插或分株繁殖。

选择 11～30 年生健壮母株采种，11 月叶片完全掉落时进行采种。种子在通风处阴干，低温干燥储藏备用。第二年春季播种。选择地势平坦、土壤疏松、排水良好、土质肥沃的沙壤土进行育苗。播种前清水浸种 48 小时，后与湿沙混拌，每天翻动 2～3 次，2～3 天后 1/3 的种子露白时播种，播种量 5～7.5 千克/亩。播种方式多条播，沟深 2 厘米，宽 3～5 厘米，播种后覆土 0.5～1.0 厘米。播种后灌水，7～10 天可出土，15～20 天苗出齐。当年苗高 40～50 厘米，第二年可以出圃。

刺榆嫁接可采用硬枝嫁接和嫩枝嫁接，砧木为 1、2 年生的家榆，嫁接方法主要采用带木质部的芽接和"T"字形芽接技术。刺榆扦插多采用硬枝扦插 1—3 月于 15～30 年生母株采无病虫害、芽眼饱满、已明显木质化的 1 年生枝条，直径大于 0.6 厘米，插条长 12～15 厘米，－0.5～0 ℃低温沙藏。第二年春季备用。刺榆易形成根蘖，也可以通过分生根蘖，扩大繁殖。

十三、地构叶

拉丁名：*Speranskia tuberculata* (Bunge) Baill.

【分类】

被子植物，大戟科 Euphorbiaceae　　地构叶属 *Speranskia*

【别名】

珍珠透骨草、瘤果地构叶

【形态特征】

多年生草本；茎直立，高 25～50 厘米，分枝较多，被伏贴短柔毛。叶纸质，披针形或卵状披针形，长 1.8～5.5 厘米，宽 0.5～2.5 厘米，顶端渐尖，稀急尖，尖头钝，基部阔楔形或圆形，边缘具疏离圆齿或有时深裂，齿端具腺体，上面疏被短柔毛，下面被柔毛或仅叶脉被毛；叶柄长不及 5 毫米或近无柄；托叶卵状披针形，长约 1.5 毫米。总状花序长 6～15 厘米，上部有雄花 20～30 朵，下部有雌花 6～10 朵，位于花序中部的雌花的两侧有时具雄花 1～2 朵；苞片卵状披针形或卵形，长 1～2 毫米；雄花 2～4 朵生于苞腋，花梗长约 1 毫米；花萼裂片卵形，长约 1.5 毫米，外面疏被柔毛；共瓣倒心形，具爪，长约 0.5 毫米，被毛；雄蕊 8～12(～15)枚，花丝被毛；雌花 1～2 朵生于苞腋，花梗长约 1 毫米，果实长达 5 毫米，且常下弯；花萼裂片卵状披针形，长约 1.5 毫米，顶端渐尖，疏被长柔毛，花瓣与雄花相似，但较短，疏被柔毛和缘毛，具脉纹；花柱 3，各 2 深裂，裂片呈羽状撕裂。蒴果扁球形，长约 4 毫米，直径约 6 毫米，被柔毛和具瘤状突起；种子卵形，长约 2 毫米，顶端急尖，灰褐色。花果期 5—9 月。地构叶的形态见图 3-31。

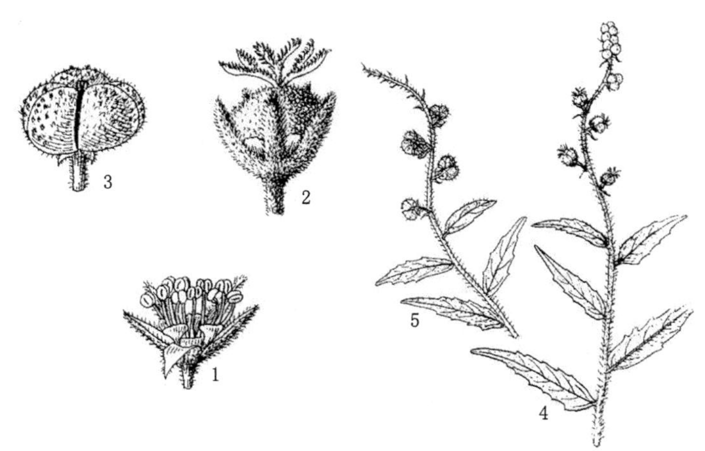

1—雄花；2—雌花；3—果；4—花枝；5—果枝。

图 3-31　地构叶 *Speranskia tuberculata* (Bunge) Baill.

［资料来源：《中国植物志》(第四十四卷 第二分册)，第 7 页］

【生境】

耐寒，耐干旱，耐贫瘠。山坡、荒地常见野生。

【生态地理分布】

徐州地区山坡草地有少量分布。

地构叶分布于我国北方地区，如东北、华北及西北地区东部。产于辽宁、吉林、内蒙古、河北、河南、山西、陕西、甘肃、山东、江苏、安徽、四川等地。生于海拔 800～1 900 米山坡草丛或灌丛中。

【濒危原因】

地构叶作为我国特有的物种，在徐州分布稀少。

【保护价值】

药用全草。功能祛风除湿、活血止痛，治风湿痹痛、筋骨挛缩、疮癣肿痛。

【保护对策】

保护地构叶的适生环境及地构叶的野生种群，在其生长集中地段设立标志，减少人为挖掘。人工辅助繁殖，增加地构叶种群数量。

【保护级别】

地构叶为我国特有种，本书建议划定为徐州地区二级保护种。

【栽培要点】

地构叶可用播种繁殖，种子采集后温水浸种 28 小时播种，适宜温度(25 ℃)下，4～6 天可发芽，半月左右可出齐。种子也可用低温(1 ℃)湿藏，2 个月后进行播种。

十四、乌菱

拉丁名：*Trapa bicornis* Osbeck

【分类】

被子植物，菱科 Trapaceae　　菱属 *Trapa*

【别名】

大头菱、扒菱、大湾角菱

【形态特征】

1 年生浮水或半挺水草本。根二型：着泥根铁丝状，着生于水底泥中；同化根，羽状细裂，裂片丝状，淡绿色或暗红褐色。茎圆柱形、细长或粗短。叶二型：浮水叶互生，聚生于茎端，在水面形成莲座状菱盘，叶片广菱形，长 3～4.5 厘米，阔 4～6 厘米，表面深亮绿色，无毛，背面绿色或紫红色，密被淡黄褐色短毛(幼叶)或灰褐色短毛(老叶)，边缘中上部具凹形的浅齿，边缘下部全缘，基部广楔形；叶柄长 2～10.5 厘米；中上部膨大成海绵质气囊，被短毛；沉水叶小，早落。花小，单生于叶腋，花梗长 1～1.5 厘米；萼筒 4 裂，仅一对萼裂被毛，其中 2 裂片演变为角；花瓣 4，白色，着生于上位花盘的边缘；雄蕊 4，花丝纤细，花药“丁”字形着生，背着药，内向；雌蕊 2 心皮，2 室，子房半下位，花柱钻状，柱头头状。果具水平开展的 2 肩角，无或有倒刺，先端向下弯曲，两角间端阔 7～8 厘米，弯牛角形，果高 2.5～3.6 厘米，果表幼皮紫红色，老熟时紫黑色，微被极短毛，果喙不明显，果梗粗壮有关节，长 1.5～2.5 厘米。种子白色，元宝形、两角钝，白色粉质。花期 4—8 月，果期 7—9 月。乌菱的形态见图 3-32。

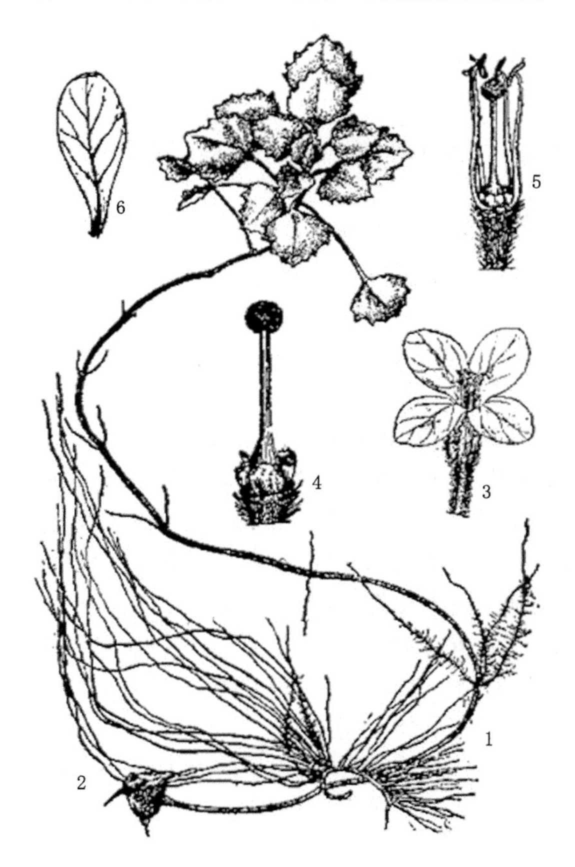

1—植株；2—果实；3—花；4—雌蕊；5—雄蕊；6—花瓣。

3-32　乌菱(变种) *Trapa bicornis* Osbeck var. *bicornis*.

[资料来源：《江苏植物志》(下)，第 543 页]

【生境】

喜生于静水塘内。

【生态地理分布】

徐州地区骆马湖、微山湖有分布。

中国江苏、浙江、江西、福建、湖北、湖南、广东、台湾等地人工栽培。俄罗斯、日本、越南、老挝等也有栽培。

【濒危原因】

乌菱受危因素中，最重要的就是生存环境被破坏。从 20 世纪 80 年代开始，围网养殖、填湖造田愈演愈烈，部分水生植株被当成杂草被清理掉，而水质也不断恶化，导致植物无法生存。此外，经济利益也导致乌菱等水生植物的生存空间遭到挤占。

【保护价值】

乌菱种子白色脆嫩，含淀粉，供蔬菜或加工制成菱粉。

【保护对策】

保护水环境，保护乌菱野生植物种群，减少人为的过度挖掘，人工抚育配合人工栽培扩大，增加乌菱种群数量。

【保护级别】

乌菱为我国特有种，本书建议划定为徐州地区二级保护种。

【栽培要点】

徐州放养菱角，一般在清明前后，水温稳定在 12 ℃以上时进行，方式可分为直播和育苗移栽两种。直播适宜于水深 2～3 米、底土较肥沃的河塘，当菱角胚芽长出 1～2 厘米时，将菱种均匀撒在水中。播前要注意清除河塘中的水草、青苔和野菱等，亩用种量一般为 10 千克，肥力差的河塘可适当增加用种量。对水面大、水较深的河塘，可采用育苗移栽方式。选择底土肥沃、水较浅的河塘，播前放干水晒硬表土，施足农家肥作基肥；种后放浅水，以后随苗龄的增加逐渐加深水层，亩用种量在 60 千克左右，可移栽水面 5～6 亩。苗龄在 60 天左右，有 10 片顶叶，菱盘在直径为 15 厘米，具有 2～3 个分枝时放养，放养时用草绳 10 株扎成一束，逐步插入水底。菱角长出水面后如密度过高，可采取人工疏密匀苗，防止菱头早封水面而开盘小，影响产量。

十五、野菱

拉丁名：*Trapa incisa* Sieb. et Zucc.

【分类】

被子植物，菱科 Trapaceae　　菱属 *Trapa*

【形态特征】

水生草本；本变种浮水叶互生，聚生于茎顶形成莲座状的菱盘，叶片斜方形或三角状菱形，长2.5～8厘米，宽3～10厘米，表面深绿、光滑，背面淡绿带紫，被少量的短毛，脉间有棕色斑块，边缘中上部具不整齐的缺刻状的锯齿，叶缘中下部宽楔形或近圆形，全缘；叶柄中上部膨大或稍膨大，或不膨大，长3.5～10厘米，被短毛；沉水叶小，早落。花单生叶腋，花小，两性；萼筒4裂，无毛或少毛；花瓣4，白色；雄蕊4，花丝纤细，花药"丁"字形着生，药背着生，内向；子房半下位，2室，花柱钻状，柱头头状；花盘鸡冠状；花梗无毛。果三角形，高宽各2厘米，具4刺角，2肩角斜上伸，2腰角圆锥状，斜下伸，刺角长约1厘米；果柄细而短，长1～1.5厘米；果喙圆锥状，无果冠。花期7—8月，果期8—10月。野菱的形态见图3-33。

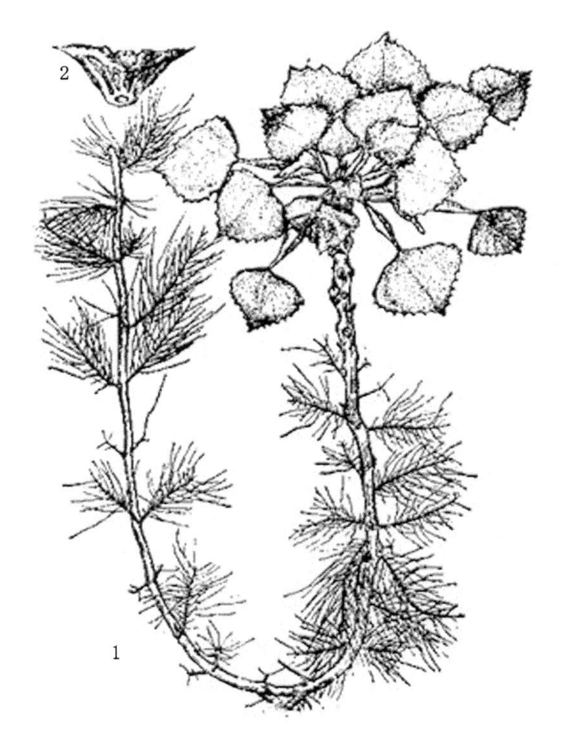

1—植株；2—果实。

图3-33　野菱(变种) *Trapa incisa* Sieb. et Zucc. var. *quadricaudata* Gluck.

[资料来源：《江苏植物志》(下)，第543页]

【生境】

喜生于静水塘内；喜温湿，不耐霜冻，要求无霜期较长；耐深水；喜土质松软且腐殖质和较多的淤泥层；茎秆细弱，不抗风浪。

【生态地理分布】

徐州地区湖泊及田沟内多有分布。

中国浙江、安徽、福建及台湾等地有分布。

【濒危原因】

野菱受危因素中，最重要的就是生存环境被破坏。从20世纪80年代开始，围网养殖、填湖造田愈演愈烈，盲目人为开发中，部分植株被当成杂草被清理掉，而水质也不断恶化，导致植物无法生存。此外，经济利益也导致一些水生植物的生存空间遭到挤占。

【保护价值】

果实富含淀粉，供食用，提取的粉叫菱粉，为优质淀粉，可供食用或浆织用；果实含单宁酸(亦称“鞣酸”)，可提取栲胶；叶片作猪饲料。

【保护对策】

保护水环境，保护野菱野生植物种群，减少人为的过度利用，人工抚育配合人工栽培，增加野菱种群数量。

【保护级别】

野菱为我国特有种，本书建议划定为徐州地区二级保护种。

【栽培要点】

播种法繁殖：经催芽后进行播种，育苗移栽，在菱盘伸出水面时，逐渐加深水位，至菱苗能适宜栽植区的生长水位为止。育苗期内清除杂草，追肥1～2次。菱苗移栽时，将苗3～5株一束，随采随栽。

十六、盾果草

拉丁名：*Thyrocarpus sampsonii* Hance

【分类】

被子植物，紫草科 Boraginaceae　　盾果草属 *Thyrocarpus*

【形态特征】

1年生草本，茎1条至数条，直立或斜升，高20～45厘米，常自下部分枝，有开展的长硬毛和短糙毛。基生叶丛生，有短柄，匙形，长3.5～19厘米，宽1～5厘米，全缘或有疏细锯齿，两面都有具基盘的长硬毛和短糙毛；茎生叶较小，无柄，狭长圆形或倒披针形。花序长7～20厘米；苞片狭卵形至披针形，花生苞腋或腋外；花梗长1.5～3毫米；花萼长约3毫米，裂片狭椭圆形，背面和边缘有开展的长硬毛，腹面稍有短伏毛；花冠淡蓝色或白色，显著比萼长，筒部比檐部短2.5倍，檐部直径为5～6毫米，裂片近圆形，开展，喉部附属物线形，长约0.7毫米，肥厚，有乳头突起，先端微缺；雄蕊5，着生花冠筒中部，花丝长约0.3毫米，花药卵状长圆形，长约 0.5 毫米。小坚果 4，长约 2 毫米，黑褐色，碗状突起的外层边缘色较淡，齿长约为碗高的一半，伸直，先端不膨大，内层碗状突起不向里收缩。花、果期 5—7 月。盾果草的形态见图 3-35。

1—植株；2—花；3—花萼、果实；4—小坚果；5—花冠展开图。

图 3-35　盾果草 *Thyrocarpus sampsonii* Hance

[资料来源：《江苏植物志》(下)，第 678 页]

【生境】

生于丘陵草地或灌木丛中，为路埂草本。

【生态地理分布】

徐州马陵山、泉山有零星分布。

产于中国台湾、浙江、广东、广西、江苏、安徽、江西、湖南、湖北、河南、陕西、四川、贵州、云南等地。

【濒危原因】

盾果草为我国特有种，区域内数量稀少，且为药用植物，人为采挖造成数量减少。

【保护价值】

全草可供药用，清热解毒，能治咽喉痛。研末用桐油合，外敷能治乳痈、疔疮。

【保护对策】

保护野生盾果草种群，杜绝采挖，人工抚育，扩大野生种群数量；研究盾果草人工繁殖栽培技术，增加区域内盾果草数量。

【保护级别】

盾果草为我国特有种，本书建议划定为徐州地区二级保护种。

【栽培要点】

盾果草为种子繁殖，种子成熟后渐次落地，秋季或早春出苗。

十七、半夏

拉丁名：*Pinellia ternata*（Thunb.）Breit.

【分类】

被子植物，天南星科 Araceae　　半夏属 *Pinellia*

【别名】

三叶半夏（山西、河南、广西），三步跳（湖北、四川、贵州、云南），麻芋果（贵州），田里心、无心菜、老鸦眼、老鸦芋头（山东），燕子尾、地慈姑、球半夏、尖叶半夏（广西），老黄嘴、老和尚扣、野芋头、老鸦头、地星（江苏），三步魂、麻芋子（四川），小天老星、药狗丹（东北、华北），三叶头草、三棱草（上海），洋犁头、小天南星（福建），扣子莲、生半夏、土半夏、野半夏（江西），半子、三片叶、三开花、三角草、三兴草（甘肃），地珠半夏（云南）。

【形态特征】

块茎圆球形，直径长1～2厘米，具须根。叶2～5枚，有时1枚。叶柄长15～20厘米，基部具鞘，鞘内、鞘部以上或叶片基部（叶柄顶头）有直径3～5毫米的珠芽，珠芽在母株上萌发或落地后萌发；幼苗叶片卵状心形至戟形，为全缘单叶，长2～3厘米，宽2～2.5厘米；老株叶片3全裂，裂片绿色，背淡，长圆状椭圆形或披针形，两头锐尖，中裂片长3～10厘米，宽1～3厘米；侧裂片稍短；全缘或具不明显的浅波状圆齿，侧脉8～10对，细弱，细脉网状，密集，集合脉2圈。花序柄长25～30（～35）厘米，长于叶柄。佛焰苞绿色或绿白色，管部狭圆柱形，长1.5～2厘米；檐部长圆形，绿色，有时边缘青紫色，长4～5厘米，宽1.5厘米，钝或锐尖。肉穗花序：雌花序长2厘米，雄花序长5～7毫米，其中间隔3毫米；附属器绿色变青紫色，长6～10厘米，直立，有时“S”形弯曲。浆果卵圆形，绿色，先端渐狭为明显的花柱。花期5—7月，果8月成熟。半夏的形态见图 3-35。

1—全株；2—幼株叶片；3—多年生植株叶片；

4—佛焰花序纵剖；5—子房总剖；6～7—花药。

图 3-35　半夏 *Pinellia ternata*（Thunb.）Breit.

［资料来源：《中国植物志》（第十三卷 第二分册），第 202 页］

【生境】

半夏喜温暖、湿润环境，耐寒性强，可在露地越冬；不耐旱，忌高温，畏强光直射，耐荫庇，半夏自生于池塘旁、水田边、山坡林下、灌木丛中肥沃的沙质壤土或腐殖质土。

【生态地理分布】

徐州地区大洞山、泉山、马陵山等多有分布。

除内蒙古、新疆、青海、西藏尚未发现野生的外，全国各地广布，海拔 2 500 米以下，常见于草坡、荒地、玉米地、田边或疏林下，为旱地中的杂草之一。朝鲜、日本也有分布。

【濒危原因】

作为名贵中药材，野生植株采挖过度，数量急剧减少。

【保护价值】

其干燥块茎经炮制后入药，性温、味辛，功能燥湿化痰、降逆止呕，生用消疖肿，主治咳喘痰多、呕吐反胃等症；未经炮制的块茎，有毒，多作外用，治急性乳腺炎、急慢性化脓性中耳炎。兽医用以治锁喉癀。

【保护对策】

保护野生种群，杜绝采挖，人工抚育，扩大野生种群数量，推广人工栽培。

【保护级别】

半夏为名贵中药材，本书建议划定为徐州地区二级保护种。

【栽培要点】

半夏可栽培于落叶林下、果树行间，或与其他作物间作，可用块茎、珠芽或种子繁殖。

生产上多采用块茎作为播种材料。

块茎繁殖：一般在挖半夏时将较小的当年生小块茎带泥取下，用湿沙土混拌存放在阴凉处，作为繁殖材料。春秋两季均可栽培。南方适宜在夏秋季采挖后栽植，也可随挖随栽。北方则在采挖后将小块茎窖藏或在室内沙藏过冬。选择沙质壤土，3 月中下旬整地，开沟播种，沟深 6～8 厘米，株行距 10 厘米×10 厘米，每穴种块茎 2～3 个，覆土 3～4.5 厘米。每亩需块茎 15～20 千克，较大块茎每亩需 50 千克以上。5～7 天出苗。栽培过程中前期怕旱、中期怕高温、后期忌湿。

珠芽繁殖：夏秋季节当老叶即将枯萎时，叶柄下球芽已成熟，即可采下栽植。按行距 10～15 厘米、株距 6～10 厘米开穴。每穴下种珠芽数个后，覆土 1.5 厘米左右，稍压实。

种子繁殖：2 年生以上的半夏，从初夏至秋季，能陆续开花结果，当佛焰苞萎黄倒下时，即可及时采收。种子放湿沙中储藏，以待播种。3 月下旬—6 月上旬，选南向温暖的地方，整地作畦。按行距 10～12 厘米开浅沟，将种子均匀插入，覆土 1～1.2 厘米。待苗高 6～7 厘米时定植。

十八、枳

拉丁名：*Poncirus trifoliata*（L.）Raf.

【分类】

被子植物，芸香科 Rutaceae　　枳属 *Poncirus*

【别名】

枸橘、臭橘、臭杞、雀不站、铁篱寨

【形态特征】

小乔木或灌木，高达 1～7 米，树冠伞形或圆头形。全株无毛。分枝多，稍扁平，有棱角，密生粗长锐刺，刺长 1～4 厘米，基部扁平。三出复叶互生，叶柄长 1～3 厘米；小叶卵形、椭圆形或倒卵形，长 1.5～5 厘米，宽 1～3 厘米，先端圆或微凹，基部楔形，叶缘具钝齿或近全缘，无毛，顶生小叶较大。花白色或淡紫色，单生或成对腋生，有香气；萼片卵形或狭长圆形，长 5～7 毫米，宽 2.5～3.5 毫米，被短毛；花瓣长 1.5～3 厘米，宽 0.8～1.5 厘米，先端圆或钝；雄蕊的花丝分离，长短不等，花药卵形；子房 6～8 室，近球形，被短柔毛，花柱短，约与子房等长，柱头头状。果实球形，成熟时暗黄色，密被短毛，有香气，直径长 3～5 厘米，有油点，有多数种子。种子白色，长椭圆状卵形，长 1～1.3 厘米。花期 4—5 月，果期 8—10 月。枳的形态见图 3-36。

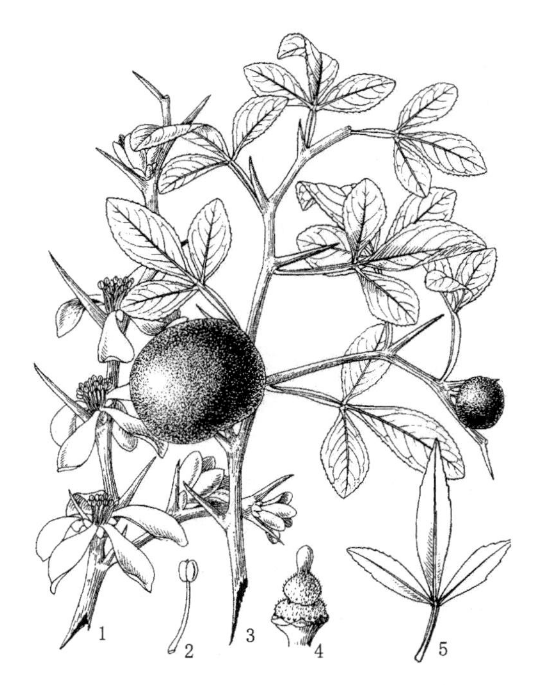

1—花枝；2—雄蕊；3—果枝；4—雌蕊；5—叶。

图 3-36　枳 *Poncirus trifoliata*（L.）Raf.

资料来源：《中国植物志》(第四十三卷 第二分册)，第 166 页]

【生境】

枳性喜光，喜温暖湿润气候，不甚耐寒，−18 ℃的低温常使苗木枝梢受冻害，喜微酸性土壤，中性土壤条件下生长良好，不耐碱。生长速度中等。再生力强，耐修剪。主根浅，须根多。

【生态地理分布】

徐州地区泉山、马陵山等有零星分布。

产于中国山东（日照、青岛等）、河南（伏牛山南坡及河南南部山区）、山西（晋城、阳城等）、陕西（西乡、南郑、商洛、蓝田等）、甘肃（文县至成县一带）、安徽（蒙城等）、江苏（泗阳、东海等）、浙江、湖北（西北部山区及西南部）、湖南（西部山区）、江西、广东、广西、贵州、云南等地。

【濒危原因】

在徐州地区山地零星分布，种群稀少。

【保护价值】

枳因枝密多刺，广泛栽作绿篱；生命力强，可作柑橘砧木；嫩果制干，称"枳实"；成熟果去瓢囊及种子，制干，称"枳壳"，均为中药，今枳壳也有用柑橘属植物的果作代用品，能理气、健胃、通便、利尿、祛风、除痰、抗癌，并治脱肛等症；果可提有机酸；种子可榨油；叶、花及果皮可提取芳香油。

【保护对策】

保护现有野生植株资源及其适宜生境条件以利种群自然繁衍；开展引种栽培，扩大分布区和个体数量。

【保护级别】

枳为我国特有种，本书建议划定为徐州地区二级保护种。

【栽培要点】

通常用播种、扦插、压条等繁殖。生产上以扦插较好，在6、7月份采取当年生半木质化且无病虫害的枝条，剪成15厘米左右的插条，插入沙土中，适当遮阴并保持70%以上的湿度，45天左右即可生根，次年5月上旬可移栽。幼苗需采取防寒措施，可用稻草绑扎防寒，成株则不需防寒。喜湿润环境，但怕积水，夏季雨天应及时做好排水工作，以防水大烂根，因其根系较浅，遇高温天气应及时浇水，如缺水易导致叶片干枯；施肥可于春季萌芽时施一次三要素复合肥，坐果后也应追施2～3次圈肥，间隔时间为20天左右。

第三节　三级保护植物

一、毛竹

拉丁名：*Phyllostachys heterocycla*（Carr.）Mitford cv. Pubescens

【分类】

被子植物，禾本科 Gramineae　　刚竹属 *Phyllostachys*

【别名】

楠竹、茅竹、南竹、江南竹、猫竹、猫头竹、唐竹、孟宗竹

【形态特征】

单轴散生型常绿乔木状竹类植物，竿高达 20 余米，粗者可达 20 余厘米，幼竿密被细柔毛及厚白粉，箨环有毛，老竿无毛，并由绿色渐变为绿黄色；基部节间甚短而向上则逐节较长，中部节间长达 40 厘米或更长，壁厚约 1 厘米（但有变异）；竿环不明显，低于箨环或在细竿中隆起。箨鞘背面黄褐色或紫褐色，具黑褐色斑点及密生棕色刺毛；箨耳微小，缝毛发达；箨舌宽短，强隆起乃至为尖拱形，边缘具粗长纤毛；箨片较短，长三角形至披针形，有波状弯曲，绿色，初时直立，以后外翻。末级小枝具 2～4 叶；叶耳不明显，鞘口缝毛存在而为脱落性；叶舌隆起；叶片较小较薄，披针形，长 4～11 厘米，宽 0.5～1.2 厘米，下表面在沿中脉基部具柔毛，次脉 3～6 对，再次脉 9 条。花枝穗状，长 5～7 厘米，基部托以 4～6 片逐渐增大的微小鳞片状苞片，有时花枝下方尚有 1～3 片近于正常发达的叶，当此时则花枝呈顶生状；佛焰苞通常在 10 片以上，常偏于一侧，呈整齐的复瓦状排列，下部数片不孕而早落，致使花枝下部露出而类似花枝之柄，上部的边缘生纤毛及微毛，无叶耳，具易落的鞘口缝毛，缩小叶小，披针形至锥状，每片孕性佛焰苞内具 1～3 枚假小穗。小穗仅有 1 朵小花；小穗轴延伸于最上方小花的内稃之背部，呈针状，节间具短柔毛；颖 1 片，长 15～28 毫米，顶端常具锥状缩小叶有如佛焰苞，下部、上部以及边缘常生毛茸；外稃长 22～24 毫米，上部及边缘被毛；内稃稍短于其外稃，中部以上生有毛茸；鳞被披针形，长约 5 毫米，宽约 1 毫米；花丝长 4 厘米，花药长约 12 毫米；柱头 3，羽毛状。颖果长椭圆形，长 4.5～6 毫米，直径为 1.5～1.8 毫米，顶端有宿存的花柱基部。笋期 4 月，花期 5—8 月。毛竹的形态见图 3-37。

【生境】

毛竹要求温暖湿润的气候条件，对土壤的要求也高于一般树种，既需要充裕的水湿条件，又不耐积水淹浸。板岩、页岩、花岗岩、砂岩等母岩发育的中、厚

1—花枝；2—竿箨上部，背面观；3—竿箨上部，腹面观。

图 3-37 毛竹 *Phyllostachys heterocycla* (Carr.) Mitford cv. Pubescens

[资料来源：《中国植物志》(第九卷 第一分册)，第 280 页]

层肥沃酸性的红壤、黄红壤、黄壤上分布多，生长良好。

【生态地理分布】

在徐州泉山、马陵山背风向阳的山谷、山腰地带有少量存在。

分布自秦岭、汉水流域至长江流域以南和台湾地区，黄河流域也有多处栽培。毛竹为中国南方最重要的经济竹种，面积占全国竹林面积 50%以上。它广泛分布于 400～800 米的丘陵、低山山麓地带，如著名的蜀南竹海毛竹。

【濒危原因】

毛竹分布地狭小，种群数量少，个体生长零散。徐州为其分布的北部边缘，仅在一些背风向阳的小气候下有少量存在。

【保护价值】

毛竹对于徐州地区植物多样性的保护具有重要意义。毛竹是竹类植物中用途最为广泛的竹种，也是森林木竹中用途最多的树种之一。毛竹的用途与人的日常生活息息相关，在人的衣、食、住、行、观、用、饰各方面发挥着重要作用，它拥有材用、食用、药用、观赏、饲用、环保等众多功用，是无污染绿色宝库中一颗璀璨明珠，是营建绿色银行的理想物种。

【保护对策】

对毛竹所在地的生境加强保护，建立起有利于其生长的生态群落，同时研究该种的引种栽培技术。

【保护级别】

徐州为毛竹分布的北部边缘，本书建议划定为徐州地区三级保护种。

【栽培要点】

毛竹的繁殖技术可分为种子育苗和无性繁殖两种。

种子育苗：尽量集中在最小的面积范围内，以利于管理。选好种子后，用清水漂洗，除掉浮起的不饱满种子，洗去拌药粉，用 40～45 ℃干净温水浸种 48 小时，每 12 小时换水 1 次，从水中捞出，用 0.39%高锰酸钾水淋湿，再按沙、种比 3∶1 的比例混合储藏，1 个月即可播种。

无性繁殖：毛竹开花结实不稳定，种子来源和数量受极大限制，故采取分殖、小母竹、竹鞭等无性繁殖育苗，建立永久性苗圃，是解决毛竹种苗不足的有效方法。① 分殖育苗：将种子培育的 1、2 年生留床苗，于次年 2—3 月的阴雨天成丛掘起，株分苗，用 30 厘米×30 厘米的株行距进行定植。② 小母竹育苗：在实生苗造林的林地上，挖掘 1、2 年生长好的竹苗，剪去顶端，保留轮枝叶，在苗圃地中按 1～5 厘米的株行距定植育苗。③ 竹鞭育苗：一般结合造林和分殖育苗进行。将造林和分殖育苗中过长的竹鞭剪下，切成 20～30 厘米长的鞭段，在苗圃中按 50 厘米×50 厘米的株行距埋植，深度一般为 5 厘米。在排水良好的苗圃地作床，直接挖沟埋鞭，然后盖草，以保持土壤湿润和防止浇水后表土板结。

二、杉木

拉丁名：*Cunninghamia lanceolata*（Lamb.）Hook.

【分类】

裸子植物，杉科 Taxodiaceae　　杉木属 *Cunninghamia*

【别名】

沙木、沙树、刺杉、香杉

【形态特征】

常绿乔木，高可达 30 米以上，胸径可达 2.5～3 米；幼树树冠尖塔形，大树树冠圆锥形，树皮灰褐色，裂成长条片脱落，内皮淡红色；大枝平展，小枝近对生或轮生，常成二列状，幼枝绿色，光滑无毛；冬芽近圆形，有小型叶状的芽鳞，花芽圆球形、较大。叶在主枝上辐射伸展，侧枝之叶基部扭转成二列状，披针形或线状披针形，通常微弯、呈镰状，革质、坚硬，长 2～6 厘米，宽 3～5 毫米，边缘有细缺齿，先端渐尖，稀微钝，上面深绿色，有光泽，除先端及基部外两侧有窄气孔带，微具白粉或白粉不明显，下面淡绿色，沿中脉两侧各有 1 条白粉气孔带；老树之叶通常较窄短、较厚，上面无气孔线。雄球花圆锥状，长 0.5～1.5 厘米，有短梗，通常 40 余个簇生枝顶；雌球花单生或 2～4 个集生，绿色，苞鳞横椭圆形，先端急尖，上部边缘膜质，有不规则的细齿，长宽几相等，3.5～4 毫米。球果卵圆形，长 2.5～5 厘米，直径为 3～4 厘米；熟时苞鳞革质，棕黄色，三角状卵形，长约 1.7 厘米，宽 1.5 厘米，先端有坚硬的刺状尖头，边缘有不规则的锯齿，向外反卷或不反卷，背面的中肋两侧有 2 条稀疏气孔带；种鳞很小，先端三裂，侧裂较大，裂片分离，先端有不规则细锯齿，腹面着生 3 粒种子；种子扁平，遮盖着种鳞，长卵形或矩圆形，暗褐色，有光泽，两侧边缘有窄翅，长 7～8 毫米，宽 5 毫米；子叶 2 枚，发芽时出土。花期 4 月，球果 10 月下旬成熟。杉木的形态见图 3-38。

【生境】

喜温暖湿润、多雾静风的气候环境，不耐严寒及湿热，怕风，怕旱。适应年平均温度 15～23 ℃，极端最低温度 −17 ℃，年降水量 800～2 000 毫米的气候条件。怕盐碱，对土壤要求比一般树种要高，喜肥沃、深厚、湿润、排水良好的酸性土壤。浅根性，没有明显的主根，侧根、须根发达，再生力强，但穿透力弱。

【生态地理分布】

在徐州泉山、大洞山、云龙山、艾山、马陵山一些气候温暖的小气候区域有少量存在。

中国主要分布区北起秦岭南坡、河南桐柏山、安徽大别山、江苏句容和宜兴，南至广东信宜，广西玉林和龙津，云南广南、麻栗坡、屏边、昆明、会泽、大理，东自江苏南部，浙江，福建北部、西部山区，西至四川大渡河流域（泸定磨西面以东地区）及西南部安宁河流域。垂直分布的上限常随地形和气候条件的不同而有差异：在东部大别山区海拔 700 米以下，福建戴云山区 1 000 米以下，在四川峨眉山海拔 1 800 米以下，在云南大理海拔 2 500 米以下。

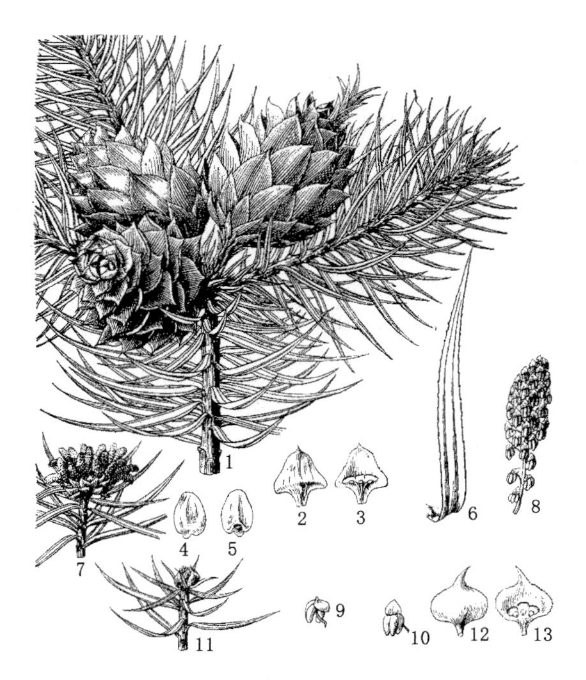

1—球果枝；2—苞鳞背面；3—苞鳞腹面及种鳞；4～5—种子背腹面；
6—叶；7—雄球花枝；8—雄球花的一段；9～10—雄蕊；11—雌球花枝；
12—苞鳞背面；13—苞鳞腹面及珠鳞、胚珠。

图 3-38　杉木 *Cunninghamia lanceolata*（Lamb.）Hook.

［资料来源：《中国植物志》(第七卷)，第 287 页］

【濒危原因】

徐州位于杉木生态分布的最北端。杉木在徐州种群数量少，对生境要求较为严格。

【保护价值】

杉木具有良好的药效。其根皮主治金疮出血及炭火灼伤；其叶主治风、虫牙痛；其籽主治疝气痛，在民间被广泛使用。杉木木材用于建筑、桥梁、造船、造纸、矿柱、家具等。

【保护对策】

严禁乱砍滥伐杉木，充分保证其在大自然中的繁殖，促进天然更新；同时，深入开展该种的生态学研究，并进行适当的繁殖。

【保护级别】

数量极少，本书建议划定为徐州地区三级保护种。

【栽培要点】

杉木一般在3—4月开花,10月下旬—11月上旬种球由青绿色转为黄褐色时即可采收。最好在母树林或种子园采收,也可选择树龄15～30年生、生长良好的优树上采种。最适宜杉木生长的地方是处在避风、背阴的山下坡或山洼处的土层深厚、土质肥沃、湿润的地块,尤以在现有林内见缝插针、零星栽植为佳。

采用育壮苗、挖大穴、全面整地或带状整地、林粮间作等措施,可取得显著成效。选择日照较短,水源便利,土层深厚,土壤肥沃,通透性良好的沙质壤土作苗床。作成高床,床高25厘米,床宽120厘米,要求土壤细碎,床面平坦,沟道畅通。2月进行播种,采用撒播,每667平方米下种5千克,播后覆盖黄心土1.5～2.0厘米厚。及时除草松土,适当间苗,每周喷0.5%波尔多液1次,以防病害发生。6月以前要加强排水,7—8月要注意灌水抗旱,9月以后要停止施肥灌水。当年苗高可达40厘米以上,地径达0.5厘米左右,翌春可出圃造林。

三、黄檀

拉丁名:*Dalbergia hupeana* Hance

【分类】

被子植物,豆科 Leguminosae　　黄檀属 *Dalbergia*

【别名】

不知春、望水檀、檀树、檀木、白檀

【形态特征】

乔木,高10～20米;树皮暗灰色,呈薄片状剥落。幼枝淡绿色,无毛。羽状复叶,长15～25厘米;小叶3～5对,近革质,椭圆形至长圆状椭圆形,长3.5～6厘米,宽2.5～4厘米,先端钝或稍凹入,基部圆形或阔楔形,两面无毛,细脉隆起,上面有光泽。圆锥花序顶生或生于最上部的叶腋间,连总花梗长15～20厘米,直径为10～20厘米,疏被锈色短柔毛;花密集,长6～7毫米;花梗长约5毫米,与花萼同疏被锈色柔毛;基生和副萼状小苞片卵形,被柔毛,脱落;花萼钟状,长2～3毫米,萼齿5,上方2枚阔圆形,近合生,侧方的卵形,最下一枚披针形,长为其余4枚之倍;花冠白色或淡紫色,长倍于花萼,各瓣均具柄,旗瓣圆形,先端微缺,翼瓣倒卵形,龙骨瓣关月形,与翼瓣内侧均具耳;雄蕊10,成5+5的二体;子房具短柄,除基部与子房柄外,无毛,胚珠2～3粒,花柱纤细,柱头小,头状。荚果长圆形或阔舌状,长4～7厘米,宽13～15毫米,顶端急尖,基部渐狭成果颈,果瓣薄革质,对种子部分有网纹,有1～2(～3)粒种子;种子肾形,长7～14毫米,宽5～9毫米。花期5—7月。黄檀的形态见图3-39。

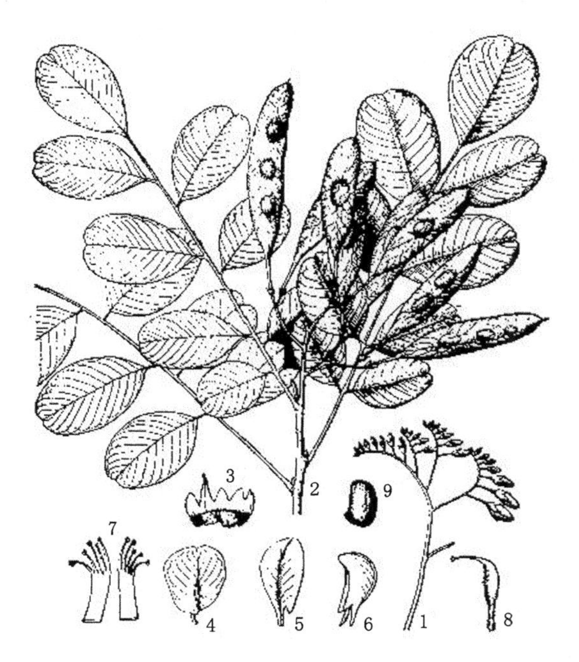

1—花枝；2—果枝；3—萼；4—旗瓣；5—翼瓣；
6—龙骨瓣；7—雄蕊；8—雌蕊；9—种子。

图 3-39　黄檀 *Dalbergia hupeana* Hance

［资料来源：《秦岭植物志》(第一卷 第三册)，第 88 页］

【生境】

喜光，耐干旱瘠薄，不择土壤，在酸性、中性或石灰性土壤上均能生长，但以在深厚湿润排水良好的土壤上生长较好，忌盐碱地；深根性，萌芽力强，具根瘤，能固氮。

【生态地理分布】

在徐州周围低山丘陵地区有少量存在。

主要分布在中国山东、江苏、安徽、浙江、江西、福建、湖北、湖南、广东、广西、四川、贵州、云南等地，平原及山区均可生长。

【濒危原因】

分布范围狭小，个体数量少，徐州为其分布的北部边缘区，且有乱砍滥伐现象，使其数量不断减少。

【保护价值】

黄檀在徐州分布极少，是园林应用优质树种；木材质结构细密，是优质负重力及拉力强的用具及器材制作材料。根皮可药用，具有清热解毒、止血消肿的功效。黄檀是荒山荒地绿化的先锋树种，可作庭荫树、风景树、行道树，也可作石灰质土壤绿化树种。

【保护对策】

严禁乱砍滥伐，加强保护：同时组织科研人员进行栽培研究，扩大种群数量。

【保护级别】

数量极少，本书建议划定为徐州地区三级保护种。

【栽培要点】

采种：选健壮母树，当荚果呈现黄褐色时，采回予以暴晒，开裂脱粒，除净杂质，装入布袋或麻袋中，藏于干燥处，以待播种。

育苗：选择肥沃疏松、排灌方便、少病虫害的水稻田等作圃地，按一般要求作床，在 2—3 月播种。采用条播，条距 25～30 厘米，种子千粒重 100～120 克，每亩播种量 5～7 千克。用 1、2 年生苗，出圃造林。

造林：造林密度宜稍大，株行距为（1.5 米×1.5 米）～（2 米×2 米）。可采用水平带垦挖大穴栽植，穴径为 50 厘米以上，深度为 40 厘米，回填表土。造林可在 2—3 月进行，选择雨后阴天造林为好。造林后，须加强抚育培养工作，每年中耕除草 2 次。郁闭后，每隔 2～3 年仍需割灌挖翻 1 次，发现被压木、损折木，结合疏伐，予以伐除。

四、猫乳

拉丁名：*Rhamnella franguloides*（Maxim.）Weberb.

【分类】

被子植物，鼠李科 Rhamnaceae　　猫乳属 *Rhamnella*

【别名】

长叶绿柴、山黄、鼠矢枣、七里头

【形态特征】

落叶灌木或小乔木，高 2～9 米；幼枝绿色，被短柔毛或密柔毛。叶倒卵状矩圆形、倒卵状椭圆形、矩圆形，长椭圆形，稀倒卵形，长 4～12 厘米，宽 2～5 厘米，顶端尾状渐尖、渐尖或骤然收缩成短渐尖，基部圆形，稀楔形，稍偏料，边缘具细锯齿，上面绿色，无毛，下面黄绿色，被柔毛或仅沿脉被柔毛，侧脉每边 5～11（～13）条；叶柄长 2～6 毫米，被密柔毛；托叶披针形，长 3～4 毫米，基部与茎离生，宿存。花黄绿色，两性，6～18 个排成腋生聚伞花序；总花梗长 1～4 毫米，被疏柔毛或无毛；萼片三角状卵形，边缘被疏短毛；花瓣宽倒卵形，顶端微凹；花梗长 1.5～4 毫米，被疏毛或无毛。核果圆柱形，长 7～9 毫米，直径为 3～4.5 毫米，成熟时红色或橘红色，干后变黑色或紫黑色；果梗长 3～5 毫米，被疏柔毛或无毛。花期 5—7 月，果期 7—10 月。猫乳的形态见图 3-40。

1—果枝；2—花；3—花纵切面，示花盘和雌蕊。

图 3-40　猫乳 *Rhamnella franguloides* (Maxim.) Weberb.

（资料来源：《树木学》，第 404 页）

【生境】

半阴性树种，喜疏松排水良好的土壤、温暖湿润环境，耐干旱瘠薄。生于海拔 1 100 米以下的山坡、路旁或林中。

【生态地理分布】

在徐州艾山、马陵山等地区有少量存在。

主要分布于中国陕西南部、山西南部、河北、河南、山东、江苏、安徽、浙江、江西、湖南、湖北西部等地。

【濒危原因】

猫乳在徐州地区仅有少量存在，分布范围狭小，个体生长零散。

【保护价值】

猫乳在徐州分布极少，对于徐州地区植物区系的研究和多样性的保护有重要意义；猫乳一直以来主要用作药材，其根及全株供药用，有补脾益肾功能，用于治疗疲劳、疥疮等症，皮还可作绿色染料。同时猫乳也是园林中非常优秀的观赏树种。

【保护对策】

对其生境进行保护，严禁对其生存地林木的砍伐，保护种质基因；研究该种的引种栽培技术。

【保护级别】

数量极少，本书建议划定为徐州地区三级保护种。

【栽培要点】

猫乳适应性强，栽培管理容易。繁殖可用播种和分蘖等方法。猫乳分枝点较低，影响主干高度，采用斩梢接干法能收到良好效果。具体做法是连续2～3年在早春萌芽前在苗干上部选饱满的侧芽枝进行中短截，促进侧芽发育成枝，向上生长，以延长主干。此期要加强肥水管理，及时去除其余侧枝，促进主干生长。达到干高要求时，对苗木进行摘心，促发侧枝形成树冠，使枝叶量增加，以促进树木生长。

五、梓树

拉丁名：*Catalpa ovata* G. Don

【分类】

被子植物，紫葳科 Bignoniaceae　　梓属 *Catalpa*

【别名】

楸，花楸，水桐，河楸，臭梧桐，黄花楸，水桐楸

【形态特征】

落叶乔木，高可达15米；树冠伞形，主干通直，嫩枝具稀疏柔毛。叶对生或近于对生，有时轮生，阔卵形，长宽近相等，长约25厘米，顶端渐尖，基部心形，全缘或浅波状，3～5浅裂，叶片上面及下面均粗糙，微被柔毛或近于无毛，侧脉4～6对，基部掌状脉5～7条；叶柄长6～18厘米。顶生圆锥花序；花序梗微被疏毛，长12～28厘米。花萼蕾时圆球形，2唇开裂，长6～8毫米。花冠钟状，淡黄色，内面具2黄色条纹及紫色斑点，长约2.5厘米，直径约2厘米。能育雄蕊2，花丝插生于花冠筒上，花药叉开；退化雄蕊3。子房上位，棒状。花柱丝形，柱头2裂。蒴果线形，下垂，长20～30厘米，粗5～7毫米。种子长椭圆形，长6～8毫米，宽约3毫米，两端有平展的长毛。梓树的形态见图3-41。

【生境】

适应性较强，喜温暖，也能耐寒。土壤以深厚、湿润、肥沃的夹沙土较好。不耐干旱瘠薄。抗污染能力强，生长较快。可利用边角隙地栽培。生于海拔500～2 500米的低山河谷，湿润土壤，野生者已不可见，多栽培于村庄附近及公

1—花枝；2—花纵剖面；3—雄蕊。

图 3-41　梓树 *Catalpa ovata* G. Don

［资料来源：《中国植物志》(第六十九卷)，第 15 页］

路两旁。

【生态地理分布】

在徐州淮塔公园、泉山、马陵山等地区有少量存在。

分布于中国东北南部至长江流域。

【濒危原因】

梓树在徐州地区个体生长不多且分布零散，加之乱砍滥伐，数量逐渐减少。

【保护价值】

梓树在徐州分布极少，对于徐州地区植物多样性的保护有重要意义；梓树集优质用材、药用、名贵园林观赏、生态防护等多功能于一体，其果实及根皮或树皮的韧部(称“梓白皮”)可以入药，木材可供器具、建筑、家具等用材。

【保护对策】

严禁乱砍滥伐，保护种质基因，还可以对其进行迁地保护，同时研究该种的引种栽培技术。

【保护级别】

数量极少，本书建议划定为徐州地区三级保护种。

【栽培要点】

种子繁殖、育苗移栽:3—4 月在整好的地上作 1.3 米宽的畦,在畦上开横沟,沟距 33 厘米,深约 7 厘米,插幅约为 10 厘米,施人畜粪水,把种子混合于草木灰内,每 1 公顷用种子 15 千克左右,匀撒沟里,上盖草木灰或细土 1 层,并盖草,至发芽时揭去。培育 1 年即可移栽。在冬季落叶后至早春发芽前挖起幼苗,将根部稍加修剪,在选好的地上,按行、株距各 2～3 米开穴,每穴栽植1 株,盖土压紧,浇水。

播种繁殖:9 月底—11 月采种,日晒开裂,取出种子干藏,翌年 3 月将种子混湿沙催芽,待种子有 30%以上发芽时条播,覆土厚度 2～3 厘米;发芽率为 40%～50%,当年苗高可达 1 米左右。

扦插繁殖:6—7 月采取当年生半木质化枝条,剪成长 12～15 厘米的插穗,基部速蘸 500 毫克/升吲哚乙酸,插入扦插床内,保温保湿,遮阳,约 20 天即可生根。

六、山茱萸

拉丁名:*Cornus officinalis* Sieb. et Zucc.

【分类】

被子植物,山茱萸科 Cornaceae　　山茱萸属 *Cornus*

【别名】

山萸肉、肉枣、鸡足、萸肉、药枣、天木籽、实枣儿

【形态特征】

落叶小灌木或乔木,高 4～10 米;树皮灰褐色;小枝细圆柱形,无毛或稀被贴生短柔毛。冬芽顶生及腋生,卵形至披针形,被黄褐色短柔毛。叶对生,纸质,卵状披针形或卵状椭圆形,长 5.5～10 厘米,宽 2.5～4.5 厘米,先端渐尖,基部宽楔形或近于圆形,全缘,上面绿色,无毛,下面浅绿色,稀被白色贴生短柔毛,脉腋密生淡褐色丛毛,中脉在上面明显,下面凸起,近于无毛,侧脉 6～7 对,弓形内弯;叶柄细圆柱形,长 0.6～1.2 厘米,上面有浅沟,下面圆形,稍被贴生疏柔毛。伞形花序生于枝侧,有总苞片 4,卵形,厚纸质至革质,长约 8 毫米,带紫色,两侧略被短柔毛,开花后脱落;总花梗粗壮,长约 2 毫米,微被灰色短柔毛;花小,两性,先叶开放;花萼裂片 4,阔三角形,与花盘等长或稍长,长约 0.6 毫米,无毛;花瓣 4,舌状披针形,长 3.3 毫米,黄色,向外反卷;雄蕊 4,与花瓣互生,长 1.8 毫米,花丝钻形,花药椭圆形,2 室;花盘垫状,无毛;子房下位,花托倒卵形,长约 1 毫米,密被贴生疏柔毛,花柱圆柱形,长 1.5 毫米,柱头截形;花梗纤细,长 0.5～1 厘米,密被疏柔毛。核果长椭圆形,长 1.2～1.7 厘米,直

径 5～7 毫米，红色至紫红色；核骨质，狭椭圆形，长约 12 毫米，有几条不整齐的肋纹。花期 3—4 月；果期 9—10 月。山茱萸的形态见图 3-42。

1—着果枝。

图 3-42 山茱萸 *Cornus officinalis* Sieb. et Zucc.

[资料来源：《中国植物志》(第五十六卷)，第 85 页]

【生境】

山茱萸为暖温带阳性树种，生长适温为 20～30 ℃，超过 35 ℃则生长不良。抗寒性强，可耐短暂的－18 ℃低温，较耐阴但又喜充足的光照，通常在山坡中下部地段，阴坡、阳坡、谷地以及河两岸等地均生长良好。山茱萸宜栽于排水良好，富含有机质、肥沃的沙壤土中。

【生态地理分布】

在徐州淮塔公园、泉山、大洞山、马陵山、艾山等地区有少量存在。

产于中国山西、陕西、甘肃、山东、江苏、浙江、安徽、江西、河南、湖南等地，生于海拔 400～1 500 米，稀达 2 100 米的林缘或森林中。在四川有引种栽培。

【濒危原因】

由于人类活动的影响，山茱萸生境已遭到不同程度的破坏，种群数量逐渐减少

【保护价值】

山茱萸肉含有丰富的营养物质和功能成分。明代李时珍的《本草纲目》集历代医家应用山茱萸的经验，把山茱萸列为补血固精、补益肝肾、调气、补虚、明目和强身之药。以山茱萸为原料，可加工饮料、果酱、蜜饯及罐头等多种食品；山茱萸也是重要的景观绿化树种。

【保护对策】

在生长地段设标立牌，严禁乱砍滥伐，保护其生态环境；同时开展其生态学、应用价值等方面的研究。

【保护级别】

数量极少，本书建议划定为徐州地区三级保护种。

【栽培要点】

播种：春播育苗在春分前后进行，将头年秋天沙藏的种子挖出播种，播前在畦上按 30 厘米行距，开深 5 厘米左右的浅沟，将种子均匀撒入沟内，覆土 3～4 厘米，保持土壤湿润，40～50 天可出苗。用种量 40～60 千克/亩。

压条：秋季收果后或大地解冻芽萌动前，将近地面 2、3 年生枝条弯曲至地面，在近地面处将切至木质部 1/3 枝条埋入已施腐熟厩肥的土中，上覆 15 厘米沙壤土，枝条先端露出地面。勤浇水，压条第二年冬或第三年春将已长根的压条割断与母株连接部分，将有根苗另地定植。

扦插：于 5 月中、下旬，在优良母株上剪取枝条，将木质化的枝条剪成长 15～20 厘米的扦条，枝条上部保留 2～4 片叶，插入腐殖土和细沙混匀所作的苗床，行株距为 20 厘米×8 厘米、深 12～16 厘米，覆土 12～16 厘米，压实。浇足水，盖农用薄膜，保持气温 26～30 ℃，相对湿度 60%～80%，上部搭荫棚，透光度 25%，6 月中旬透光度调至 10%，避免强光照射。越冬前撤荫棚，浇足水。次年适当松土拔草，加强水肥管理，深秋冬初或翌年早春起苗定植。

嫁接：山茱萸实生苗繁育难度大，繁育出的小苗定植后 10 年以上才能结果，而嫁接苗 2～3 年便可开花结果。采用嫁接苗可使山茱萸早结果，早获益。砧木宜采用自身良种实生苗，选择接穗要从产量高、生长健壮、无病虫害的优质母树上取用。采集接穗时要从树冠外围采集发育充实、芽体饱满的 1 年生枝条。早春砧木开始发芽。在接穗芽刚萌动时(3 月中下旬左右)用插皮接；7 月中旬—8 月中旬，砧木树皮容易剥离、接穗芽饱满时进行芽接。

七、流苏树

拉丁名：*Chionanthus retusus* Lindl. et Paxt.

【分类】

被子植物，木犀科 Oleaceae　　流苏树属 *Chionanthus*

【别名】

炭栗树、晚皮树、铁黄荆、牛金茨果树、糯米花、如密花、四月雪、油公子、白花菜

【形态特征】

落叶乔木，高可达20米。小枝灰褐色或黑灰色，圆柱形，开展，无毛，幼枝淡黄色或褐色，疏被或密被短柔毛。叶片革质或薄革质，长圆形、椭圆形或圆形，有时卵形或倒卵形至倒卵状披针形，长3～12厘米，宽2～6.5厘米，先端圆钝，有时凹入或锐尖，基部圆或宽楔形至楔形，稀浅心形，全缘或有小锯齿，叶缘稍反卷，幼时上面沿脉被长柔毛，下面密被或疏被长柔毛，叶缘具睫毛，老时上面沿脉被柔毛，下面沿脉密被长柔毛，稀被疏柔毛，其余部分疏被长柔毛或近无毛，中脉在上面凹入，下面凸起，侧脉3～5对，两面微凸起或上面微凹入，细脉在两面常明显微凸起；叶柄长0.5～2厘米，密被黄色卷曲柔毛。聚伞状圆锥花序，长3～12厘米，顶生于枝端，近无毛；苞片线形，长2～10毫米，疏被或密被柔毛，花长1.2～2.5厘米，单性而雌雄异株或为两性花；花梗长0.5～2厘米，纤细，无毛；花萼长1～3毫米，4深裂，裂片尖三角形或披针形，长0.5～2.5毫米；花冠白色，4深裂，裂片线状倒披针形，长(1～)1.5～2.5厘米，宽0.5～3.5毫米，花冠管短，长1.5～4毫米；雄蕊藏于管内或稍伸出，花丝长在0.5毫米之下，花药长卵形，长1.5～2毫米，药隔突出；子房卵形，长1.5～2毫米，柱头球形，稍2裂。果椭圆形，被白粉，长1～1.5厘米，径6～10毫米，呈蓝黑色或黑色。花期3—6月，果期6—11月。流苏树的形态见图3-43。

【生境】

喜光，不耐荫蔽，耐寒、耐旱，忌积水，生长速度较慢，寿命长，耐瘠薄，对土壤要求不严，但以在肥沃、通透性好的沙壤土中生长最好，有一定的耐盐碱能力，在pH值8.7、含盐量0.2%的轻度盐碱土中能正常生长，未见任何不良反应。生于海拔3 000米以下的稀疏混交林或灌丛中，或山坡、河边。各地有栽培。

【生态地理分布】

在徐州泉山、云龙山、马陵山等地区有少量存在。

产于中国甘肃、陕西、山西、河北、河南以南至云南、四川、广东、福建、台湾等地。

【濒危原因】

生态环境遭到破坏，分布面积和种群数量显著减少。

【保护价值】

具有广泛用途的经济树种，嫩叶可代茶叶作饮料。果实含油丰富，可榨油，供工业用。木材坚重细致，可制作器具，也是金桂的砧木。流苏树的芽、叶亦有药用价值。树冠开展，花序硕大，花色素雅，具有较高的观赏价值。

1—花枝；2—果枝；3—花。

图 3-43 流苏树 *Chionanthus retusus* Lindl. et Paxt.

［资料来源：《中国植物志》(第六十一卷)，第 121 页］

【保护对策】

禁止砍伐野生个体，挂牌保护，并深入研究其生态生物学规律和繁育栽培技术。

【保护级别】

数量极少，本书建议划定为徐州地区三级保护种。

【栽培要点】

繁殖可采取播种、扦插方法。

播种：9 月中旬—10 月上旬，流苏树果实呈蓝紫色，此时选择长势壮、树形好、无病虫害的母株进行采种。挑选饱满、大小一致的种子用清水浸泡 2 天，捞出后置通风阴凉处阴干。3 天后，用湿沙进行储藏，沙种比为 3∶1，覆盖麻袋保湿。种子储藏期间，每隔半月喷水翻拌一次。翌年 3 月中旬，40％左右的种子露白即可整床播种。育苗圃地应选择排水良好、深厚肥沃的地块，一般采用高垄播种，垄距250毫米，垄高150毫米。用经腐熟发酵的牛、马粪肥作基肥，用量为每亩3 000千克，播种沟深度为20毫米，行距为200毫米。将已催芽的种子均匀地播在播种沟内，亩播种量为20千克左右，播种后覆盖细土，轻轻踏实后，漫灌一次透水，3天后覆草保湿。在播后25天左右，幼苗开始出土。当幼苗长至高100毫米左右时，选择阴天进行间苗，夏季光照强时要及时搭盖荫棚遮阴。

扦插：扦插繁殖一般多在7—8月进行，选取当年生半木质化枝条，将其剪成长12～15厘米的插穗，插穗上口平，下口呈马蹄形。基质选用沙壤土，使用前用五氯硝基苯进行消毒，消毒后进行一次大水漫灌，待基质呈大半墒状态时，可进行扦插，扦插前插穗蘸ABT生根剂，株行距为100毫米×200毫米，扦插后每7天浇一次透水，每天早晚进行一次喷雾，9点至下午6点要遮阴，入冬前在圃地内满施一次牛、马粪，浇足浇透封冻水，用塑料薄膜搭设拱棚，以利于其安全越冬。第二年加强水肥管理，第三年春天可进行移栽。

八、云实

拉丁名：*Caesalpinia decapetala* (Roth) Alston

【分类】

被子植物，豆科 Leguminosae　　云实属 *Caesalpinia*

【别名】

药王子、铁场豆、马豆、水皂角、天豆

【形态特征】

攀缘性落叶灌木。树皮暗红色；枝、叶轴和花序均被柔毛和钩刺。二回羽状复叶长20～30厘米；羽片3～10对，对生，具柄，基部有刺1对；小叶8～12对，膜质，倒卵状椭圆形至长圆形，长10～25毫米，宽6～12毫米，两端近圆钝，两面均被短柔毛，老时渐无毛；托叶小，斜卵形，先端渐尖，早落。总状花序顶生，直立，长15～30厘米，具多花；总花梗多刺；花梗长3～4厘米，被毛，在花萼下具关节，故花易脱落；萼片5，长圆形，被短柔毛；花瓣黄色，膜质，圆形或倒卵形，长10～12毫米，盛开时反卷，基部具短柄；雄蕊与花瓣近等长，花丝基部扁平，下部被绵毛；子房无毛。荚果长圆状舌形，长6～12厘米，宽2.5～3厘米，脆革质，栗褐色，无毛，有光泽，沿腹缝线膨胀成狭翅，成熟时沿腹缝线开裂，先端具尖喙；种子6～9颗，椭圆状，长约11毫米，宽约6毫米，种皮棕色。花果期4—10月。云实的形态见图3-44。

1—花枝；2—雄蕊；3—雌蕊；4—果。

图 3-44　云实 *Caesalpinia decapetala* (Roth) Alston

［资料来源：《中国植物志》(第三十九卷)，第 106 页］

【生境】

生于平原、丘陵地、山谷及河边；喜温暖气候，不耐寒；对土壤要求不严。

【生态地理分布】

在徐州泉山、淮塔公园、大洞山等地区有少量存在。

产于中国广东、广西、云南、四川、贵州、湖南、湖北、江西、福建、浙江、江苏、安徽、河南、河北、陕西、甘肃等地。亚洲热带和温带地区有分布。

【濒危原因】

由于自然生态环境的局限性，分布范围有限，个体数量极少，加之人类的破坏，有逐渐减少的趋势。

【保护价值】

云实是药用植物，根、茎及果药用，性温、味苦、涩，无毒，有发表散寒、活血通经、解毒杀虫之效，治筋骨疼痛、跌打损伤等。果皮和树皮含单宁酸(亦称“鞣酸”)，种子含油 35%，可制肥皂及润滑油。又常栽培作为绿篱。

【保护对策】

对其生境加强保护，建立有利于其生长的生态群落，同时设标保护，严禁采挖，在此基础上人工栽培供药用和观赏，进一步对其药化、药理开展研究。

【保护级别】

数量极少，本书建议划定为徐州地区三级保护种。

【栽培要点】

播种繁殖：9—10 月采种，随即播种或干藏至翌年 3 月春播。播前将种子用 80 ℃热水处理，自然冷却至室温后再浸种 24 小时(也可在播前搓伤坚硬种皮，以克服不透性)即可播种，约 1 个月后发芽。在整好的土地上，开 1.3 米宽的高畦，按沟心距 24～30 厘米开横沟，深 3～6 厘米，每沟播 40～50 粒，每亩用种子 7.5～10 千克，施人、畜粪水，盖草木灰 1 厘米厚，最后覆土与畦面平。10 月左右挖苗移栽，在选好的土地上，按行株距各 1 米开穴，穴深 12～18 厘米。每穴栽 1～2 株，盖土压紧，再盖土与畦面平，最后浇水定根。

幼苗出土后，施清淡人粪尿提苗，以后勤除杂草；移栽后第二年当新芽发出时，施人、畜粪水，促使生长。栽后 4～5 年采收，秋冬挖根，洗净切斜片，晒干或烤干；秋季采果实，除去果皮，取种子晒干。

扦插：在梅雨季节用当年生成熟的嫩枝，插后 20～25 天生根。

九、锦鸡儿

拉丁名：*Caragana sinica* (Buc'hoz) Rehd.

【分类】

被子植物，豆科 Leguminosae　　锦鸡儿属 *Caragana*

【别名】

金雀花、黄雀花、土黄豆、粘粘袜、酱瓣子、阳雀花、黄棘

【形态特征】

落叶灌木，高 1～2 米。树皮深褐色；小枝有棱，无毛。托叶三角形，硬化成针刺，长 5～7 毫米；叶轴脱落或硬化成针刺，针刺长 7～15(～25)毫米；小叶 2 对，羽状，有时假掌状，上部 1 对常较下部的为大，厚革质或硬纸质，倒卵形或长圆状倒卵形，长 1～3.5 厘米，宽 5～15 毫米，先端圆形或微缺，具刺尖或无刺尖，基部楔形或宽楔形，上面深绿色，下面淡绿色。花单生，花梗长约 1 厘米，中部有关节；花萼钟状，长 12～14 毫米，宽 6～9 毫米，基部偏斜；花冠黄色，常带红色，长 2.8～3 厘米，旗瓣狭倒卵形，具短瓣柄，翼瓣稍长于旗瓣，瓣柄与瓣片近等长，耳短小，龙骨瓣宽钝；子房无毛。荚果圆筒状，长 3～3.5 厘米，宽约

5毫米。花期4—5月,果期7月。锦鸡儿的形态见图3-45。

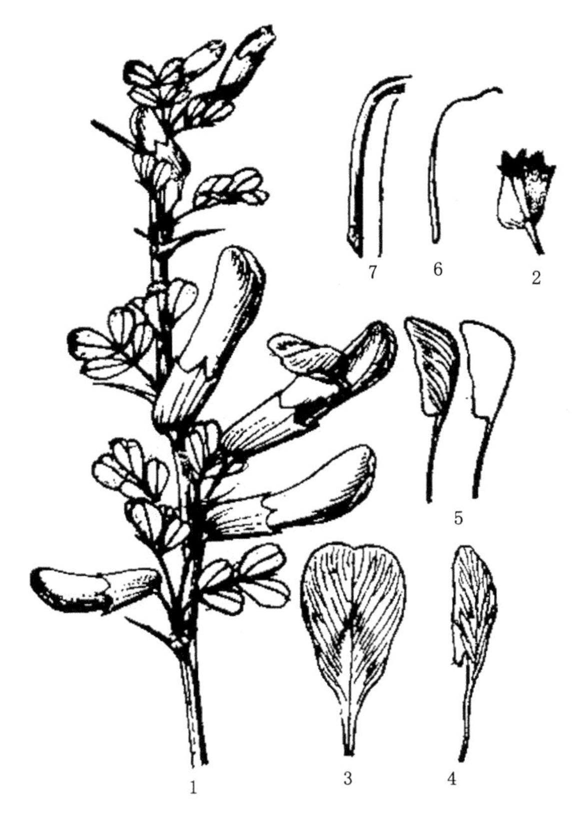

1—花枝;2—花萼;3—旗瓣;4—翼瓣;5—龙骨瓣;6—雄蕊;7—雌蕊。

图3-45　锦鸡儿 *Caragana sinica* (Buc'hoz) Rehd.

[资料来源:《中国植物志》(第四十二卷 第一分册),第20页]

【生境】

性喜光,亦较耐阴,耐寒性强,在－50 ℃的低温环境下可安全越冬,耐干旱瘠薄,对土壤要求不严,在轻度盐碱土中能正常生长,忌积水,长期积水易造成苗木死亡。

【生态地理分布】

在徐州云龙山、大洞山及铜山、丰县、沛县等地区有少量存在。

产于中国河北、陕西、江苏、江西、浙江、福建、河南、湖北、湖南、广西北部、四川、贵州、云南等地。生于山坡和灌丛。

【濒危原因】

个体数量少，呈零星分布，由于人类活动长期影响，生态环境受到不同程度干扰，数量在不断减少。

【保护价值】

锦鸡儿是重要的中草药植物，含有蛋白质、脂肪、碳水化合物、多种维生素、多种矿物质等成分。根或根皮入药，称“金雀根”，有滋阴、和血、健脾的功效，治疗热咳嗽、头晕腰酸、小儿疳积、乳痈、跌打损伤等症。锦鸡儿枝叶秀丽，花色鲜艳，在园林绿化中可孤植、丛植于路旁、坡地或假山岩石旁，也可用来制作盆景。

【保护对策】

严禁采挖，加强对其生境的保护。此基础上人工栽培供药用和绿化所用，进一步对其药化、药理开展研究。

【保护级别】

数量极少，本书建议划定为徐州地区三级保护种。

【栽培要点】

锦鸡儿可用播种、扦插、分株、压条等法繁殖。播种最好随采随播，如经干藏，次春播种前应浸种催芽；扦插可于2—3月进行硬枝扦插，也可于梅雨季节进行嫩枝扦插，插条截成8～12厘米，插深1/2，插后搭棚遮阴，适量浇水，生根后拆去荫棚，充分接受光照，健壮生长，成活率较高；分株繁殖于2—3月进行。

锦鸡儿的种子多在8月初成熟，当果实变为深黄色时应及时采摘，采摘过晚，种子会因爆荚而崩落，不易采收。将采回的种荚放置于阳光下晾晒，使种子自然脱荚，净种后装盛在干净的布袋内放置于遮阴通风处保存。次年3月中旬用45 ℃温水浸泡48小时后可进行播种。

选取土地肥沃，地势平坦，排水良好的沙壤土作圃地，并应施入经腐熟发酵的牛马粪作基肥，用量为每亩3 500千克，基肥应与圃土拌匀，经晾晒处理后耙细整平，并用五氯硝基苯对苗床进行消毒。播种可采用撒播，每平方米用种量为20～25克，播种后用脚轻轻踩踏，并喷灌一次水。

种子发芽期间要保持土壤湿润，待出苗齐后，每隔5～7天灌溉1次，每次要浇足浇透，灌溉时间要在早晚为宜。待苗长至20厘米左右时间苗。间苗选在阴雨天进行，应仔细操作，防止伤及其他幼苗。

为促进苗木加速生长，在6月中旬追施一次尿素，8月初追施一次磷钾肥，追肥后及时浇水。2年后可进行移栽。

十、丹参

拉丁名：*Salvia miltiorrhiza* Bunge

【分类】

被子植物，唇形科 Labiatae　　鼠尾草属 *Salvia*

【别名】

赤参、逐乌、郁蝉草、木羊乳、奔马草、血参根、野苏子根、烧酒壶根、大红袍、壬参、紫丹参、红根、血参、红丹参、夏丹参、赤丹参、紫参、五风花、阴行草、红根红参、活血根、大叶活血丹

【形态特征】

多年生直立草本；根肥厚，肉质，外面朱红色，内面白色，长 5～15 厘米，直径 4～14 毫米，疏生支根。茎直立，高 40～80 厘米，四棱形，具槽，密被长柔毛，多分枝。叶常为奇数羽状复叶，叶柄长 1.3～7.5 厘米，密被向下长柔毛，小叶 3～5(～7)，长 1.5～8 厘米，宽 1～4 厘米，卵圆形或椭圆状卵圆形或宽披针形，先端锐尖或渐尖，基部圆形或偏斜，边缘具圆齿，草质，两面被疏柔毛，下面较密，小叶柄长 2～14 毫米，与叶轴密被长柔毛。轮状聚伞花序 6 花或多花，下部者疏离，上部者密集，组成长 4.5～17 厘米具长梗的顶生或腋生假总状花序；苞片披针形，先端渐尖，基部楔形，全缘，上面无毛，下面略被疏柔毛，比花梗长或短；花梗长 3～4 毫米，花序轴密被长柔毛或具腺长柔毛。花萼钟形，带紫色，长约 1.1 厘米，花后稍增大，外面被疏长柔毛及具腺长柔毛，具缘毛，内面中部密被白色长硬毛，具 11 脉，二唇形，上唇全缘，三角形，长约 4 毫米，宽约 8 毫米，先端具 3 个小尖头，侧脉外缘具狭翅，下唇与上唇近等长，深裂成 2 齿，齿三角形，先端渐尖。花冠紫蓝色，长 2～2.7 厘米，外被具腺短柔毛，尤以上唇为密，内面离冠筒基部 2～3 毫米有斜生不完全小疏柔毛毛环，冠筒外伸，比冠檐短，基部宽 2 毫米，向上渐宽，至喉部宽达 8 毫米，冠檐二唇形，上唇长 12～15 毫米，镰刀状，向上竖立，先端微缺，下唇短于上唇，3 裂，中裂片长 5 毫米，宽达 10 毫米，先端二裂，裂片顶端具不整齐的尖齿，侧裂片短，顶端圆形，宽约 3 毫米。能育雄蕊 2，伸至上唇片，花丝长 3.5～4 毫米，药隔长 17～20 毫米，中部关节处略被小疏柔毛，上臂十分伸长，长 14～17 毫米，下臂短而增粗，药室不育，顶端联合。退化雄蕊线形，长约 4 毫米。花柱远外伸，长达 40 毫米，先端不相等 2 裂，后裂片极短，前裂片线形。花盘前方稍膨大。小坚果黑色，椭圆形，长约 3.2 厘米，直径 1.5 毫米。花期 4—8 月，花后见果。丹参的形态见图 3-46。

【生境】

生于山坡、林下或溪谷旁，海拔 120～1 300 米。

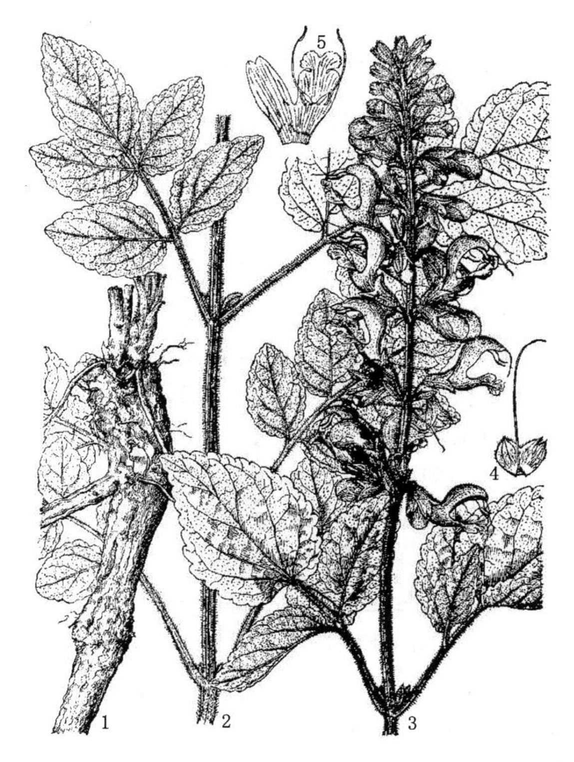

1—根的一段；2—植株中部；3—植株上部，示花序；
4—花萼纵剖，内面观，兼示雌蕊；5—花冠纵剖，内面观，示毛环和联合的下臂。
图 3-46　丹参(原变种) *Salvia miltiorrhiza* Bunge var. *miltiorrhiza*
[资料来源:《中国植物志》(第六十六卷)，第 147 页]

【生态地理分布】

在徐州各山地丘陵地区有少量分布。

产于中国河北、山西、陕西、山东、河南、江苏、浙江、安徽、江西及湖南等地。日本亦产。

【濒危原因】

个体数量少，呈零星分布。由于人类采挖，其生态环境受到不同程度干扰，数量在不断减少。丹参为江苏省保护药用植物，被列为渐危种。

【保护价值】

丹参的根和根茎是重要的中草药，具有活血调经、祛瘀止痛、凉血消痈、清心除烦、养血安神等功能，主治月经不调、经闭痛经、症瘕积聚、胸腹刺痛、热痹疼痛、疮疡肿痛、心烦不眠等症。亦常用于冠心病。

【保护对策】

更新观念，加强保护药用植物资源的宣传；严禁随意采挖，加强对其生境的保护；建立采种、育苗基地，进行人工种植。

【保护级别】

数量少，本书建议划定为徐州地区三级保护种。

【栽培要点】

种子繁殖：种子很小，千粒重 1.64 克，发芽率 70%左右。直播：华北地区于 4 月中旬播种，条播或穴播。穴播行株距同分根法，每穴播种子 5～10 粒；条播沟深 1 厘米左右，覆土 0.6～1 厘米，亩播种量 0.5 千克左右。如遇干旱，播前先浇透水再播种。种子在 18～22 ℃时播后半月即可出苗。苗高 6 厘米时，间苗定苗，按株行距 30 厘米×20 厘米栽于大田，每亩用苗 4 000～6 000 株。

管理：栽种后 1～3 天可用芽前除草剂禾奈斯或拉索喷雾，如土壤湿润，效果更佳。在出苗前可用苗后除草剂盖草能喷雾杀死 2～3 叶期的禾本科杂草。4 月上旬齐苗后，进行 1 次中耕除草，宜浅松土，随即追施 1 次稀薄人、畜粪水，每亩 1 500 千克；第 2 次于 5 月上旬—6 月上旬，中除后追施 1 次腐熟人粪尿，每亩 2 000 千克，加饼肥 50 千克；第 3 次于 6 月下旬—7 月中下旬，结合中耕除草，重施 1 次腐熟、稍浓的粪肥，每亩 3 000 千克，加过磷酸钙 25 千克、饼肥 50 千克，以促参根生长发育。施肥方法可采用沟施或开穴施入，施后覆土盖肥。

4 月下旬—5 月丹参陆续抽薹开花，为使养分集中于根部生长，除留种地外，一律剪除花薹，时间宜早不宜迟。丹参最忌积水，在雨季要及时清沟排水；遇干旱天气，要及时进行沟灌或浇水，多余的积水应及时排除，避免受涝。

十一、射干

拉丁名：*Belamcanda chinensis*（L.）DC.

【分类】

被子植物，鸢尾科 Iridaceae　　射干属 *Belamcanda*

【别名】

交剪草、野萱花

【形态特征】

多年生草本。根状茎为不规则的块状，斜伸，黄色或黄褐色；须根多数，带黄色。茎高 1～1.5 米，实心。叶互生，嵌迭状排列，剑形，长 20～60 厘米，宽 2～4 厘米，基部鞘状抱茎，顶端渐尖，无中脉。花序顶生，叉状分枝，每分枝的顶端聚生有数朵花；花梗细，长约 1.5 厘米；花梗及花序的分枝处均包有膜质的苞片，苞片披针形或卵圆形；花被橙红色，散生紫褐色的斑点，直径 4～5 厘米；花被裂片6,2轮排列,外轮花被裂片倒卵形或长椭圆形,长约2.5厘米,宽约1厘米,顶端钝圆或微凹,基部楔形,内轮较外轮花被裂片略短而狭;雄蕊3,长1.8～2厘米,着生于外花被裂片的基部,花药条形,外向开裂,花丝近圆柱形,基部稍扁而宽;花柱上部稍扁,顶端3裂,裂片边缘略向外卷,有细而短的毛,子房下位,倒卵形,3室,中轴胎座,胚珠多数。蒴果倒卵形或长椭圆形,长2.5～3厘米,直径1.5～2.5厘米,顶端无喙,常残存有凋萎的花被,成熟时室背开裂,果瓣外翻,中央有直立的果轴;种子圆球形,黑紫色,有光泽,直径约5毫米,着生在果轴上。花期6—8月,果期7—9月。射干的形态见图3-47。

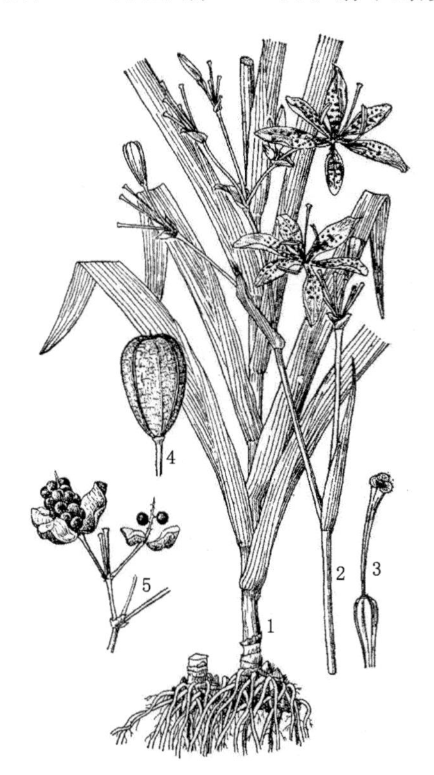

1—带根状茎植株下部;2—花枝;3—雌蕊;4—果实;5—开裂的蒴果。

图3-47　射干 *Belamcanda chinensis*(L.)DC.

[资料来源:《中国植物志》(第十六卷 第一分册),第132页]

【生境】

生于林缘或山坡草地,大部分生于海拔较低的地方,但在西南山区,海拔2 000～2 200米处也可生长;喜温暖和阳光,耐干旱和寒冷,对土壤要求不严,山坡旱地均能栽培，以肥沃疏松、地势较高、排水良好的沙质壤土为好；中性壤土或微碱性亦适宜，忌低洼地和盐碱地。

【生态地理分布】

在徐州泉山、大洞山、云龙山及各县有少量分布。

产于中国吉林、辽宁、河北、山西、山东、河南、安徽、江苏、浙江、福建、台湾、湖北、湖南、江西、广东、广西、陕西、甘肃、四川、贵州、云南、西藏等地。日本、朝鲜半岛、俄罗斯及越南也有分布。

【濒危原因】

射干为江苏省保护药用植物，被列为渐危种。由于长期大量采挖，目前数量大大减少，分布区不断缩小。

【保护价值】

射干为重要中草药植物，主治风热或痰热壅盛所致的咽喉肿痛等症。另外，该植物花形飘逸，有趣味性，适用于作园林绿化植物。

【保护对策】

合理开发运用，限量采挖、科学采挖，建立种质资源保护点；开展人工栽培，以满足药用或引种，供观赏和美化环境。

【保护级别】

数量少，本书建议划定为徐州地区三级保护种。

【栽培要点】

分育苗移栽和直接播种：种子发芽率最高 90%，当温度在 10～14 ℃时开始发芽，20～25 ℃为最适温度，30 ℃发芽降低。种子繁殖出苗慢，不整齐，持续时间 50 天左右。用塑料小拱棚育苗可于 1 月上中旬按常规操作方法进行。先将混沙储藏裂口的种子播入苗床覆上一层薄土后，每天早晚各喷洒 1 次温水，1 星期左右便可出苗。出苗后加强肥水管理，到 3 月中下旬就可定植于大田。

露地直播者，春播在清明前后进行，秋播在 9—10 月，当果壳变黄色将要裂口时，连果柄剪下，置于室内通风处晾干后脱粒取种。一般采用沟播。选择地势高燥或平地沙质壤土，排水良好为宜，前茬不限，但忌患过线虫病的土地，耕深 16 厘米，耕平作畦。按株行距为 25 厘米×30 厘米开沟定穴，沟深 5 厘米左右，沟底要平整、疏松，在每穴内施入土杂肥，盖细土约 2 厘米厚，然后播入催过芽的种子 5～6 粒。

播后覆土压实，适量浇水，盖草保湿保温，亩用种量 2～3 千克，当苗高 6 厘米时移栽到大田，1 公顷育苗田可移栽 20 公顷，按行株距（30～50 厘米）×（26～30 厘米），浇水，成活率达 90%以上，2～3 年收获。地冻前，播种方法同春播，次年3月下旬出苗。播后20天左右即可出苗。

十二、商陆

拉丁名：*Phytolacca acinosa* Roxb.

【分类】

被子植物，商陆科 Phytolaccaceae　　商陆属 *Phytolacca*

【别名】

章柳、山萝卜、见肿消、王母牛、倒水莲、金七娘、猪母耳、白母鸡

【形态特征】

多年生草本，高0.5～1.5米，全株无毛。根肥大，肉质，倒圆锥形，外皮淡黄色或灰褐色，内面黄白色。茎直立，圆柱形，有纵沟，肉质，绿色或红紫色，多分枝。叶片薄纸质，椭圆形、长椭圆形或披针状椭圆形，长10～30厘米，宽4.5～15厘米，顶端急尖或渐尖，基部楔形，渐狭，两面散生细小白色斑点（针晶体），背面中脉凸起；叶柄长1.5～3厘米，粗壮，上面有槽，下面半圆形，基部稍扁宽。总状花序顶生或与叶对生，圆柱状，直立，通常比叶短，密生多花；花序梗长1～4厘米；花梗基部的苞片线形，长约1.5毫米，上部2枚小苞片线状披针形，均膜质；花梗细，长6～13毫米，基部变粗；花两性，直径约8毫米；花被片5，白色、黄绿色，椭圆形、卵形或长圆形，顶端圆钝，长3～4毫米，宽约2毫米，大小相等，花后常反折；雄蕊8～10，与花被片近等长，花丝白色，钻形，基部成片状，宿存，花药椭圆形，粉红色；心皮通常为8，有时少至5或多至10，分离；花柱短，直立，顶端下弯，柱头不明显。果序直立；浆果扁球形，直径约7毫米，熟时黑色；种子肾形，黑色，长约3毫米，具3棱。花期5—8月，果期6—10月。商陆的形态见图3-48。

【生境】

生命力强，常野生于山脚、林间、路旁及房前屋后，平原、丘陵及山地均有分布。喜温暖湿润的气候条件，耐寒不耐涝，适宜生长温度14～30 ℃；地上部分在秋冬落叶时枯萎，而地下的肉质根能耐－15 ℃的低温。对土壤的适应性广，不论是沙土还是红壤土，不管土壤肥沃还是瘠薄，都能长得枝繁叶茂。

【生态地理分布】

在徐州地区路旁地边、河边及低山丘陵区有少量分布。

我国除东北、内蒙古、青海、新疆外，普遍野生于海拔500～3 400米的沟谷、山坡林下、林缘路旁。也栽植于房前屋后及园地中。

【濒危原因】

商陆为江苏省保护药用植物，被列为渐危种，分布零散、种群数量少。

1—植株上部;2—花;3—果实;4—种子。

图 3-48　商陆 *Phytolacca acinosa* Roxb.

[资料来源:《中国植物志》(第二十六卷),第 16 页]

【保护价值】

商陆根入药,俗称“章柳根”,以白色肥大者为佳,红根有剧毒,仅供外用。根通二便,逐水、散结,治水肿、胀满、脚气、喉痹等症,外敷治痈肿疮毒。也可作兽药及农药。果实含鞣质,可提制栲胶。嫩茎叶可供蔬食。同时商陆也具有很好的保水保土作用。

【保护对策】

合理开发运用,建立种质资源保护点;开展人工栽培,以满足药用和食用。

【保护级别】

数量少,本书建议划定为徐州地区三级保护种。

【栽培要点】

商陆的繁殖简单,根和种子都可繁殖。一般可采用种子直播和肉质根定植两种。8—9 月选择绿茎商陆母株,当果实变成紫黑色时采收,放于水中搓去外皮,晾干备用。

种子繁殖:速度快,可直播或育苗移栽,直播于2月下旬进行播种。作为护壁绿肥,于梯地壁上以株行距1.0米×1.5米开浅穴播种,每穴8～10粒(其种子萌发率70%～80%),播后盖土1～2厘米,盖焦泥灰则效果更好。播后20～25天出苗,苗高10～15厘米时间苗,每穴留苗1～2株。育苗移栽,可先在宽约1米的畦面播种,然后覆1层薄草,等到苗高10厘米以上时,于阴天或午后移栽。

肉质根定植:于11月中旬—12月中旬宿根未萌芽时选取有芽根的肉质根定植,选有芽根的部位切块,每块留芽根3～4个,切口抹草木灰即可按株行距40厘米×40厘米规格播种,覆土3～4厘米再施优质农肥盖塘保湿。酌情浇出苗水。

十三、黄精

拉丁名:*Polygonatum sibiricum* Delar. ex Redouté

【分类】

被子植物,百合科 Liliaceae　　黄精属 *Polygonatum*

【别名】

鸡头黄精、黄鸡菜、笔管菜、爪子参、老虎姜、鸡爪参

【形态特征】

多年生草本。根状茎圆柱状,由于结节膨大,因此"节间"一头粗、一头细,在粗的一头有短分枝(中药志称这种根状茎类型所制成的药材为鸡头黄精),直径1～2厘米。茎高50～90厘米,或可达1米以上,有时呈攀缘状。叶通常4～5枚轮生,条状披针形,长8～15厘米,宽(4～)6～16毫米,先端拳卷或弯曲成钩。花序通常具2～4朵花,似呈伞形状,总花梗长1～2厘米,花梗长(2.5～)4～10毫米,俯垂;苞片位于花梗基部,膜质,钻形或条状披针形,长3～5毫米,具1脉;花被乳白色至淡黄色,全长9～12毫米,花被筒中部稍缢缩,裂片长约4毫米;花丝长0.5～1毫米,花药长2～3毫米;子房长约3毫米,花柱长5～7毫米。浆果直径7～10毫米,黑色,具4～7颗种子。花期5—6月,果期8—9月。黄精的形态见图3-49。

【生境】

黄精喜欢阴湿气候条件,具有喜阴、耐寒、怕干旱的特性,在干燥地区生长不良,在湿润荫蔽的环境下植株生长良好。一般生林下、灌丛或山坡阴处,海拔800～2 800米。

【生态地理分布】

在徐州泉山、大洞山、云龙山及周边山地林下发现有少量分布。

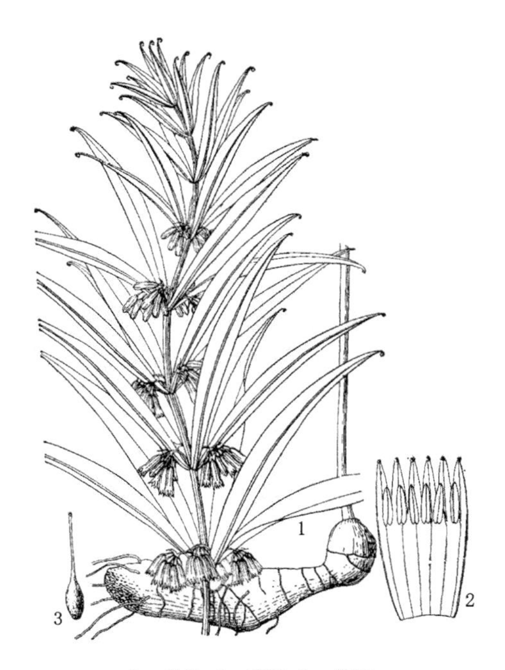

1—植株；2—花被；3—雌蕊。

图 3-49 黄精 *Polygonatum sibiricum* Delar. ex Redouté

[资料来源：《中国植物志》(第十五卷)，第 78 页]

产于中国黑龙江、吉林、辽宁、河北、山西、陕西、内蒙古、宁夏、甘肃(东部)、河南、山东、安徽(东部)、浙江(西北部)等地。

【濒危原因】

黄精为江苏省保护药用植物，列为渐危种。黄精由于入药及食用而被长期挖掘，种群数量越来越少。

【保护价值】

根状茎为常用中药“黄精”，具有治疗脾胃虚弱、体倦无力、肺痨咯血、胃热口渴、高脂血、糖尿病等功效。黄精性味甘甜，食用爽口。其肉质根状茎肥厚，含有大量淀粉、糖分、脂肪、蛋白质、胡萝卜素、维生素和多种其他营养成分，生食、炖服既能充饥，又有健身之用，可令人气力倍增、肌肉充盈、骨髓坚强，对身体十分有益。黄精从赏花到观果长达半载，是不可多得的观赏佳品。将其作为地被植物种植于疏林草地、林下溪旁及建筑物阴面的绿地花坛、花境、花台及草坪周围来美化环境。

【保护对策】

保护其生态环境，合理开发运用。在就地保护的前提下，积极开展引种栽培实验研究，开展人工栽培，以满足药用和食用等各种用途。

【保护级别】

数量少，本书建议划定为徐州地区三级保护种。

【栽培要点】

根状茎繁殖：于晚秋或早春的3月下旬前后选1、2年生健壮、无病虫害的植株根茎，选取先端幼嫩部分，截成数段，每段有3～4节，伤口稍加晾干，按行距22～24厘米，株距10～16厘米，深5厘米栽种，覆土后稍加镇压并浇水，以后每隔3～5天浇水1次，使土壤保持湿润。于秋末种植时，应在土上盖一些圈肥和草以保暖。

种子繁殖：8月种子成熟后选取成熟饱满的种子立即进行沙藏处理，种子1份、沙土3份混合均匀。存于背阴处30厘米深的坑内，保持湿润。待第二年3月下旬筛出种子，按行距12～15厘米均匀撒播到畦面的浅沟内，盖土约1.5厘米，稍压后浇水，并盖一层草保湿。出苗前去掉盖草，苗高6～9厘米时，过密处可适当间苗，1年后移栽。为满足黄精生长所需的荫蔽条件，可在畦埂上种植玉米。

十四、徐长卿

拉丁名：*Cynanchum paniculatum* (Bunge) Kitagawa

【分类】

被子植物，萝藦科 Asclepiadaceae　　鹅绒藤属 *Cynanchum*

【别名】

尖刀儿苗、铜锣草、黑薇、了刁竹、蛇利草、药王、线香草、牙蛀消、一枝香、土细辛、柳叶细辛、竹叶细辛、钩鱼竿、逍遥竹、白细辛、对节莲、獐耳草、对月莲

【形态特征】

多年生草本，高约1米；根须状，多至50余条；茎直立，通常单一，不分枝，稀从根部发生几条，无毛或被微生。叶对生，纸质，披针形至线形，长5～13厘米，宽5～15毫米(最大达13厘米×1.5厘米)，两端锐尖，两面无毛或叶面具疏柔毛，叶缘有边毛；侧脉不明显；叶柄长约3毫米，圆锥状聚伞花序生于顶端的叶腋内，长达7厘米，着花10余朵；花萼内的腺体或有或无；花冠黄绿色，近辐状，裂片长达4毫米，宽3毫米；副花冠裂片5，基部增厚，顶端钝；花粉块每室1个，下垂；子房椭圆形；柱头5角形，顶端略为突起。蓇葖单生，披针形，长6厘米，直径6毫米，向端部长渐尖；种子长圆形，长3毫米；种毛白色绢质，长1厘

米。花期 5—7 月,果期 9—12 月。徐长卿的形态见图 3-50。

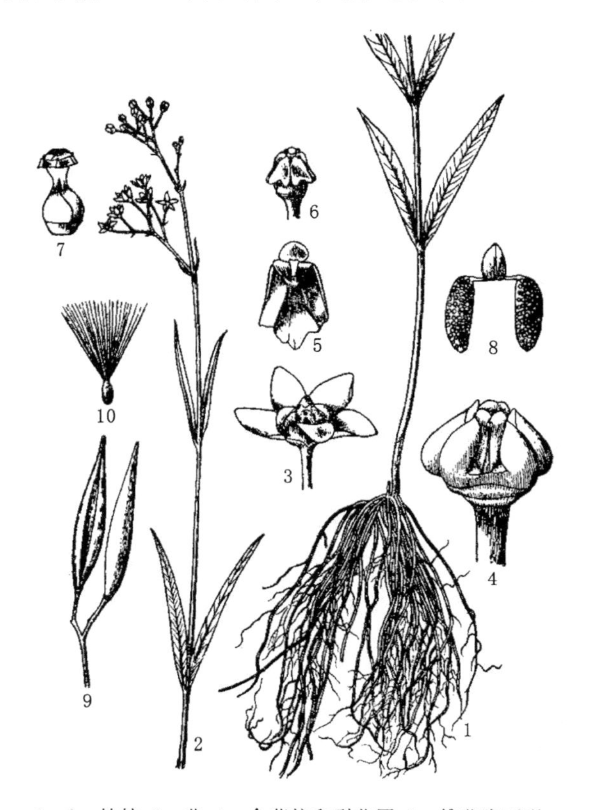

1～2—植株;3—花;4—合蕊柱和副花冠;5—雄蕊腹面观;
6—合蕊柱;7—雌蕊;8—花粉器;9—蓇葖;10—种子。
图 3-50 徐长卿 *Cynanchum paniculatum* (Bunge) Kitagawa
[资料来源:《中国植物志》(第六十三卷),第 352 页]

【生境】

生长于向阳山坡及草丛中。适应性较强,喜温暖、湿润的环境,但忌积水,耐热耐寒能力强,南北各地均可栽植。但以腐殖质土或肥沃深厚、排水良好的沙质壤土生长较好。

【生态地理分布】

在徐州田间地头、各丘陵山坡发现有少量分布。

产于中国辽宁、内蒙古、山西、河北、河南、陕西、甘肃、四川、贵州、云南、山东、安徽、江苏、浙江、江西、湖北、湖南、广东和广西等地。日本和朝鲜半岛也有分布。

【濒危原因】

徐长卿为江苏省保护药用植物，被列为渐危种。

【保护价值】

徐长卿主含丹皮酚、黄酮甙和少量生物碱，具有镇痛、镇静、抗菌、降压、降血脂等多种作用，对骨伤科的跌打损伤、腰椎痛，胃炎、胃痛、胃溃疡等引起的胃脘胀痛均有十分显著的止痛效果。

【保护对策】

宣传其保护价值，保护其生态环境，减少人类破坏，使现存个体能在其原生境中增加数量；加强人工引种栽培等方面的技术应用研究。

【保护级别】

数量少，本书建议划定为徐州地区三级保护种。

【栽培要点】

种子繁殖：播种期在 4 月上、中旬。种子用草木灰拌匀，按行距 15 厘米开沟条播。沟深 1～2 厘米。播后覆细土，盖稀薄茅草，浇水，保持湿润。约 2 周后出苗时揭去盖草。苗高 10 厘米左右时移栽。播种量每亩 1.0～2.5 千克。

育苗移栽：用 2 年生以上的成熟、饱满、发芽率 85%以上的种子。春季 2—4 月播种，种子用草木灰或细沙拌匀，均匀撒入 2 厘米左右深的播种沟内，上面撒一层草木灰或腐殖土，再盖草保湿，行距 5～12 厘米。15 天左右出苗，出苗后及时拿走盖草。通过间苗、定苗、松土、追肥、除草等一系列管理，于冬季倒苗后至第 2 年春季幼苗萌发前，小心地采挖种根，按照行距 20～25 厘米、株距 10～12 厘米移栽，移栽后立即浇水定根。用这种方法繁殖，每亩播种量控制在 1.5～2.5 千克，育出的苗(种根)可种植 10 亩左右的大田。

分株繁殖：秋末或早春把徐长卿的地下根茎挖出，选根茎健壮、色白、节密、无病虫害的植株，把过长的须根剪下作药用，保留长约 5 厘米的根，然后按芽嘴多少把根茎剪断，将母蔸分成数株，每株保证有 1～2 个芽嘴。种植方法与育苗移栽相同。

十五、泰山前胡

拉丁名：*Peucedanum wawrae* (Wolff) Su

【分类】

被子植物，伞形科 Umbelliferae　　前胡属 *Peucedanum*

【别名】

前胡、防风

【形态特征】

多年生草本，高 30 厘米至 1 米。根茎粗壮，径 0.5～1.2 厘米，棕色，存留有枯鞘纤维；根圆锥形，常有分枝，浅灰棕色。茎圆柱形，径 0.3～1 厘米，有细纵条纹，无毛，上部分枝呈叉式展开。基生叶具柄，叶柄长 2～8 厘米，基部有叶鞘，边缘白色膜质抱茎；叶片轮廓三角状扁圆形，长 4～22 厘米，宽 5～23 厘米，二至三回三出分裂，最下部的第一回羽片具长柄，上部者近无柄或无柄，末回裂片楔状倒卵形，基部楔形或近圆形，长 1.2～3.5 厘米，宽 0.8～2.5 厘米，3 深裂，浅裂或不裂，边缘具尖锐锯齿，锯齿顶端有小尖头，下表面粉绿色，网状脉清晰，两面光滑无毛，有时叶脉基部有少许短毛；茎上部叶近于无柄，但有叶鞘，分裂次数减少；序托叶无柄，具宽阔的叶鞘，叶片细小，3 裂，有短绒毛。复伞形花序顶生和侧生，分枝很多，花序梗及伞辐均有极短绒毛，伞形花序直径 1～4 厘米，伞辐 6～8，不等长，长 0.5～2 厘米；总苞片 1～3，有时无，长 3～4 毫米，宽 0.5～1 毫米；小伞形花序有花 10 余朵，小总苞片 4～6，线形，比花柄长；萼齿钻形显著；花柱细长外曲，花柱基圆锥形；花瓣白色。分生果卵圆形至长圆形，背部扁压，长约 3 毫米，宽约 1.2 毫米，有绒毛；每棱槽内有油管 2～3，合生面油管 2～4。花期 8—10 月，果期 9—11 月。泰山前胡的形态见图 3-51。

【生境】

喜冷凉湿润的气候，多生于海拔 1 000～1 500 米的山区向阳山坡。土壤以土层深厚、疏松、肥沃的夹沙土为好。温度高且持续时间长的平坝地区以及荫蔽过度、排水不良的地方生长不良，且易烂根；质地黏重的黄泥土和干燥瘠薄的河沙土不宜栽种。

【生态地理分布】

在徐州泉山、云龙山、小泰山及各丘陵山坡发现有少量分布。

产于中国山东、安徽、江苏等地。

【濒危原因】

为江苏省保护药用植物，列为渐危种，泰山前胡为常用中草药，野生种遭到无节制的挖掘，种群数量有锐减趋势。

【保护价值】

对于徐州市植物多样性的研究有重要意义。泰山前胡的根供药用，有镇咳祛痰的功效。

【保护对策】

宣传其保护价值，保护其生态环境，严格限制对野生种的挖掘采收，建立集约化栽培药用基地，已满足用量。

1—花枝；2—基生叶、茎基部及根部。

图 3-51　泰山前胡 *Peucedanum wawrae* (Wolff) Su

［资料来源：《中国植物志》(第五十五卷 第三分册)，第 134 页］

【保护级别】

数量少，本书建议划定为徐州地区三级保护种。

【栽培要点】

繁殖方法：泰山前胡种子发芽率较高，可用种子繁殖、育苗移栽或直播。果实一般 9—10 月成熟，果实呈黄白色时，用剪刀连花梗剪下，放于室内后熟一段时间，然后搓下果实，除去杂质，晾干储存备用。

选地、整地：选择阳光充足、土壤湿润而不积水的平地或坡地栽种。最好是在头年冬季，将地上前作枯物及杂草除下，铺于地面烧毁，然后深翻土地让其越冬。次年 2 月份施入腐熟的猪、牛粪后再翻 1 次土，除去杂草，耙细整平。

播种、冬播：播种时间最好在 11 月上旬—次年 1 月下旬开始播种，由于前胡种子发芽缓慢(天气情况比较好的需要 30 天以上发芽)一般年前播种完毕。将种子均匀撒于畦面，然后用竹扫帚轻轻扫平，使种子与土壤充分结合，播种量干净无杂质的种子需要 3 千克/亩。春播：在 3 月上旬播种，采用穴播或条播均可，在畦上以25厘米见方开穴，穴深3厘米左右。将种子拌火土灰匀撒穴内，然后盖一层土或草木灰，至不见种子为度。最后盖草保墒利于出苗整齐，发芽时揭去。每亩用种量2～3千克。

十六、红柴胡

拉丁名：*Bupleurum scorzonerifolium* Willd.

【分类】

被子植物，伞形科 Umbelliferae　　柴胡属 *Bupleurum*

【别名】

香柴胡、软柴胡、狭叶柴胡、软苗柴胡、南柴胡

【形态特征】

多年生草本，高30～60厘米。主根发达，圆锥形，支根稀少，深红棕色，表面略皱缩，上端有横环纹，下部有纵纹，质疏松而脆。茎单一或2～3，基部密覆叶柄残余纤维，细圆，有细纵槽纹，茎上部有多回分枝，略呈之字形弯曲，并成圆锥状。叶细线形，基生叶下部略收缩成叶柄，其他均无柄，叶长6～16厘米，宽2～7毫米，顶端长渐尖，基部稍变窄抱茎，质厚，稍硬挺，常对折或内卷，3～5脉，向叶背凸出，两脉间有隐约平行的细脉，叶缘白色，骨质，上部叶小，同形。伞形花序自叶腋间抽出，花序多，直径1.2～4厘米，形成较疏松的圆锥花序；伞辐3～8，长1～2厘米，很细，弧形弯曲；总苞片1～3，极细小，针形，长1～5毫米，宽0.5～1毫米，1～3脉，有时紧贴伞辐，常早落；小伞形花序直径4～6毫米，小总苞片5，紧贴小伞，线状披针形，长2.5～4毫米，宽0.5～1毫米，细而尖锐，等于或略超过花时小伞形花序；小伞形花序有花6～15，花柄长1～1.5毫米；花瓣黄色，舌片几与花瓣的对半等长，顶端2浅裂；花柱基厚垫状，宽于子房，深黄色，柱头向两侧弯曲；子房主棱明显，表面常有白霜。果广椭圆形，长2.5毫米，宽2毫米，深褐色，棱浅褐色，粗钝凸出，油管每棱槽中5～6，合生面4～6。花期7—8月，果期8—9月。红柴胡的形态见图3-52。

【生境】

喜暖和湿润气候，耐寒、耐旱怕涝，适宜土层深厚、肥沃的沙质壤土。生于干燥的草原及向阳山坡上，灌木林边缘，海拔160～2 250米。

【生态地理分布】

在徐州泉山、大洞山、泰山及各丘陵山坡发现有少量分布。

广泛分布于中国黑龙江、吉林、辽宁、河北、山东、山西、陕西、江苏、安徽、广西及内蒙古、甘肃等地。

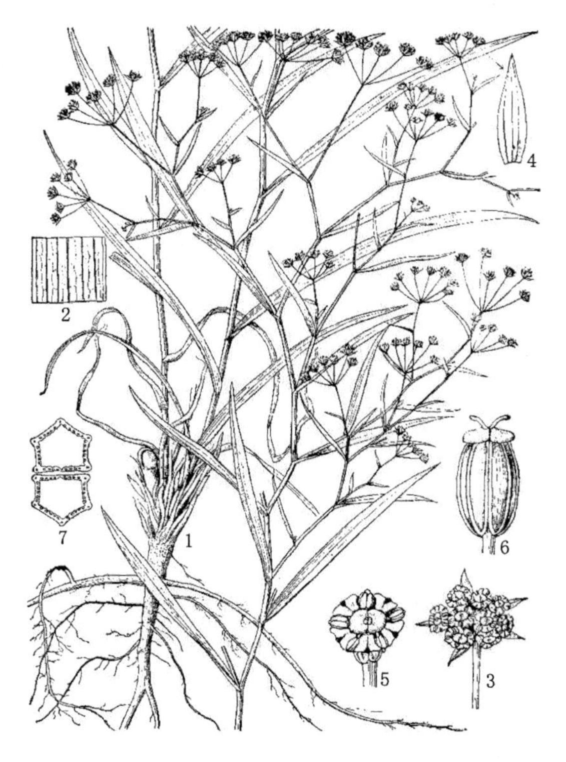

1—植株；2—叶片一部分；3—小伞形花序；4—小总苞片；
5—花；6—果实；7—果实横剖面。

图 3-52　红柴胡 *Bupleurum scorzonerifolium* Willd.

［资料来源：《中国植物志》(第五十五卷 第一分册)，第 269 页］

【濒危原因】

红柴胡为江苏省保护药用植物，被列为渐危种。红柴胡为常用中草药，在徐州地区由于用量很大，野生种遭到无节制的挖掘，种群数量逐渐减少。

【保护价值】

红柴胡对于徐州地区药用植物的研究和发展均有重要意义。红柴胡的根供药用，有解热止痛、镇静、止咳、抗病毒、促进免疫力和疏散退热等功效。同时该种还为饲用植物，春夏两季各种家畜均喜食，在秋季稍干枯时亦为家畜所乐食。

【保护对策】

对现存野生种限制采挖。在适宜生长的环境里采取人工播种扩大种群数量。同时可以建立集约化栽培药用基地，已满足药用量。

【保护级别】

数量少,本书建议划定为徐州地区三级保护种。

【栽培要点】

种子繁殖:柴胡栽后 2 年,于 9 月采集成熟种子晒干,脱粒,储藏。播前半月将柴胡种子用 50 微克/克的 6-BA 溶液浸泡 24 小时,此后用 1 份种子加 3 份湿沙积于容器内,12 天取出播种。春播或秋播均可,春播于 3 月下旬,条播按行距 30 厘米开浅沟或穴播按 23～27 厘米开浅穴,将处理过的种子按每亩 0.5～0.75 千克与草木灰充分拌匀,撒于沟内浅穴中,覆土、盖麦秆后浇水。秋播于结冻前播种,株行距与春播相同。

育苗移栽:于 3 月下旬,将解决好的种子撒播或条播。撒播,在整顿好的畦面上作槽,将种子均匀撒于畦面、覆土。条播,按行距 10 厘米开沟条播,播后覆土盖草浇水。10 天左右出苗。当根头直径 2～3 毫米,根长 5～6 厘米时进行移栽,择阴天,选粗壮、无病苗按行距 25 厘米、株距 10 厘米,随挖随栽,栽后立刻浇水,确保成活。

田间管理:① 间苗定苗:当苗高 10 厘米时间苗,如缺苗及时补苗。② 中耕除草施肥:联结中耕除草进行施肥。苗高 10 厘米时,每隔 10～15 天施清淡肥水一次,延续施 2～3 次,当苗高 33 厘米时,培土并施较浓的人、粪尿水。次年,中耕除草施肥 2～3 次。③ 摘蕾:于 8—10 月及时摘除花蕾和花薹。④ 排灌:出苗前要维持泥土湿润,出苗后要小水勤浇,干旱时及时浇水,雨季要留意排涝。

十七、白头翁

拉丁名:*Pulsatilla chinensis* (Bunge) Regel

【分类】

被子植物,毛茛科 Ranunculaceae　　白头翁属 *Pulsatilla*

【别名】

羊胡子花、老冠花、将军草、大碗花、老公花、老姑子花、毛姑朵花

【形态特征】

多年生草本,植株高 15～35 厘米。根状茎粗 0.8～1.5 厘米。基生叶 4～5,通常在开花时刚刚生出,有长柄;叶片宽卵形,长 4.5～14 厘米,宽 6.5～16 厘米,三全裂,中全裂片有柄或近无柄,宽卵形,三深裂,中深裂片楔状倒卵形,少有狭楔形或倒梯形,全缘或有齿,侧深裂片不等二浅裂,侧全裂片无柄或近无柄,不等三深裂,表面变无毛,背面有长柔毛;叶柄长 7～15 厘米,有密长柔毛。花葶 1 或 2,有柔毛;苞片 3,基部合生成长 3～10 毫米的筒,三深裂,深裂片

线形，不分裂或上部三浅裂，背面密被长柔毛；花梗长 2.5～5.5 厘米，结果时长达 23 厘米；花直立；萼片蓝紫色，长圆状卵形，长 2.8～4.4 厘米，宽 0.9～2 厘米，背面有密柔毛；雄蕊长约为萼片之半。聚合果直径 9～12 厘米；瘦果纺锤形，扁，长 3.5～4 毫米，有长柔毛，宿存花柱长 3.5～6.5 厘米，有向上斜展的长柔毛。花期 4—5 月。白头翁的形态见图 3-53。

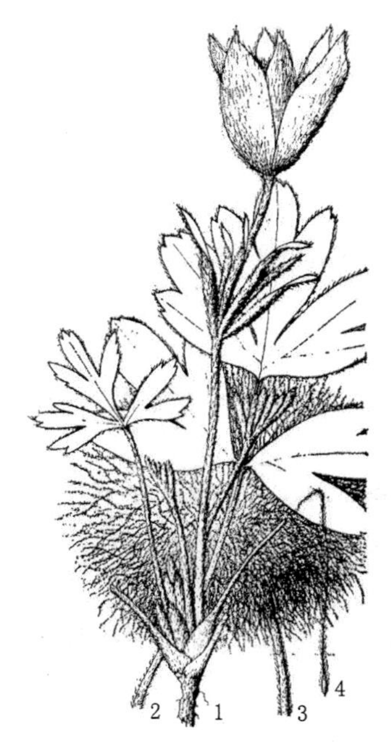

1—开花的植株；2—基生叶；3—聚合果；4—瘦果。

图 3-53　白头翁 *Pulsatilla chinensis* (Bunge) Regel

[资料来源：《中国植物志》(第二十八卷)，第 66 页]

【生境】

喜凉爽干燥气候。耐寒，耐旱，不耐高温。以土层深厚、排水良好的沙质壤土生长最好，冲积土和黏壤土次之，而排水不良的低洼地不宜栽种。生于平原和低山山坡草丛中、林边或干旱多石的坡地。

【生态地理分布】

在徐州地区山岗、荒坡及田野间发现有少量分布。

分布于中国四川(宝兴，海拔 3 200 米)、湖北北部、江苏、安徽、河南、甘肃南部、陕西、山西、山东、河北(海拔 200～1 900 米)、内蒙古、辽宁、吉林、黑龙江等地。

【濒危原因】

白头翁为江苏省保护药用植物，列为渐危种。白头翁为常用中草药，在徐州地区分布零星，加上百姓的采挖，种群数量逐渐减少。

【保护价值】

白头翁对于徐州地区药用植物的研究和发展均有重要意义。白头翁根状茎药用，主治热毒泻痢、温疟、鼻衄、痔疮出血等症。根状茎水浸液可作土农药，能防治地老虎、蚜虫、蝇蛆、孑孓，以及小麦锈病、马铃薯晚疫病等病虫害。而且还在园林中作自然式的配置或布置花坛等，用以美化环境。

【保护对策】

创造适宜种群个体数量自然增长的条件，限制当地百姓采挖。同时引种培育，进行集约化生产，满足其用药需求，也需要迁地保护到植物园或公园作为观赏植物。

【保护级别】

数量少，本书建议划定为徐州地区三级保护种。

【栽培要点】

育苗：选用当年采收的新种子，禁用旧种子。有喷灌条件的可直接播种，没有喷灌条件的可催芽后播种。种子催芽方法：种子用温水浸泡 4～6 小时，其间换水一次，捞出后沥干水分，放在 25～30 ℃的温度下催芽；催芽期间要适当翻动种子，以免发热；4～6 天后，当有 70%以上的种子冒出芽尖时即可播种；若不能及时播种的，要把发芽的种子放在 2～5 ℃的条件下保存。播种时按每亩 2.5 千克种子的量，把种子均匀地播到床面上，然后用筛子筛细土把种子盖上，一般覆土 0.2 厘米左右，然后浇透水，用稻草、松树针叶等物覆盖床面，以利于保湿、出苗。

管理：播种后条件适宜，经催芽的种子一般播后 4～5 天即可出苗，未经催芽处理的种子出苗时间要长些。出苗后逐步撤除稻草等覆盖物，以半遮半盖为度。当长出真叶后用吗啉胍兑叶面肥喷施防猝倒病，每隔 5～7 天喷 1 次，一般喷 2 次即可。另外可根据长势追施 2 次尿素，每次追施 10 千克后立即浇水或雨前顶雨追施，以防烧苗。除草要早、要彻底，以免杂草与幼苗争夺养分；也可在出苗前喷施农药除草，不过要掌握好喷药时机。

移栽：春、秋季都可以进行移栽，可以用当年的 1 年生苗，也可以用 2 年生苗进行移栽。因白头翁喜干燥凉爽气候，移栽田最好选择地势高地或坡地。可作床移栽，也可以垄栽，作床栽培的株、行距一般在 10 厘米×(25～30)厘米，垄栽的株距在 8 厘米左右。移栽后如遇干旱，需要栽后浇透水，白头翁极抗旱，所以缓苗后在无大旱的情况下基本不需浇水。白头翁耐贫瘠，苗期可适当施氮肥；抽薹时要摘除花蕾，以利根部发育；以后每年在返青前每亩可追施复合钾肥10千克，以利于加快根系生长。

十八、茜草

拉丁名：*Rubia cordifolia* L.

【分类】

被子植物，茜草科 Rubiaceae　　茜草属 *Rubia*

【别名】

血茜草、血见愁、地苏木、活血丹、土丹参

【形态特征】

草质攀缘藤木，长通常1.5～3.5米；根状茎和其节上的须根均红色；茎数至多条，从根状茎的节上发出，细长，方柱形，有4棱，棱上生倒生皮刺，中部以上多分枝。叶通常4片轮生，纸质，披针形或长圆状披针形，长0.7～3.5厘米，顶端渐尖，有时钝尖，基部心形，边缘有齿状皮刺，两面粗糙，脉上有微小皮刺；基出脉3条，极少外侧有1对很小的基出脉。叶柄长1～2.5厘米，有倒生皮刺。聚伞花序腋生和顶生，多回分枝，有花10余朵至数十朵，花序和分枝均细瘦，有微小皮刺；花冠淡黄色，干时淡褐色，盛开时花冠檐部直径约3～3.5毫米，花冠裂片近卵形，微伸展，长约1.5毫米，外面无毛。果球形，直径通常4～5毫米，成熟时橘黄色。花期8—9月，果期10—11月。茜草的形态见图3-54。

【生境】

喜凉爽而湿润的环境。耐寒，怕积水。以疏松肥沃，富含有机质的沙质壤土栽培为好。地势高燥、土壤贫瘠以及低洼易积水之地均不宜种植。常生于灌丛中。

【生态地理分布】

在徐州地区低山丘陵林地、灌丛中发现有少量分布。

分布于中国东北、华北、西北和四川（北部）及西藏（昌都市）等地。

【濒危原因】

茜草为江苏省保护药用植物，被列为渐危种。个体数量分布零散，加之人类活动扰动强度逐年加大，种群数量有逐渐减少趋势。

【保护价值】

茜草根茎是一味中草药，具有凉血活血、祛瘀、通经等功效，而且是一种历史悠久的植物染料。

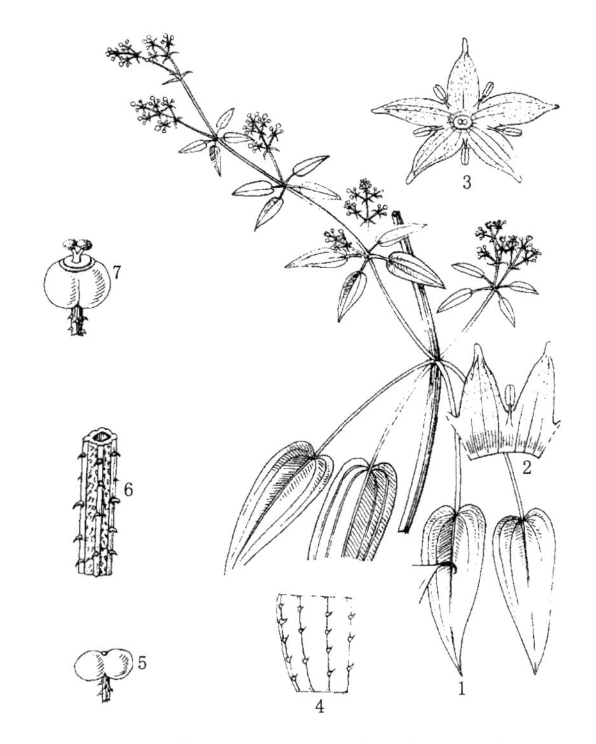

1—花枝；2—花冠剖开，示雄蕊着生位置；3—花；
4—叶下面一部分，示皮刺；5—核果；6—小枝一段；7—雌蕊。

图 3-54 茜草 *Rubia cordifolia* L.

[资料来源：《中国植物志》(第七十一卷 第二分册)，第 308 页]

【保护对策】

加强对茜草生境的保护，促进其就地扩大种群数量，提高自然繁殖率。进行引种培育的研究，加强人工培植生产。

【保护级别】

数量少，本书建议划定为徐州地区三级保护种。

【栽培要点】

种子繁殖：10 月种子成熟采收。播种期 10 月下旬或 3 月上旬，按行距 30～50 厘米开浅沟，条播，覆土压实。

扦插繁殖：选择呈圆形而未枯的老藤，剪成 3 节以上约 33 厘米长的插条，在已整好的地上，开 1.3 米宽的畦，按行株 50 厘米×33 厘米开穴，深 15～20 厘米，每穴插 2～3 根，插条顶端露出畦面，填土压紧，浇水。

分株繁殖：11 月上旬或 3 月，将植株根部挖起，剪去粗根入药，留下根茎分切成每丛有芽 2～3 个，并带有 9 厘米长须根的小段，按行株距 35 厘米×30 厘米，深 20 厘米开穴，每穴栽种 1 株，覆土，压实，浇水。

苗高 30 厘米左右，应搭支架以利生长。苗期喜阴，用油菜、玉米间作，生长期注意松土除草、灌溉。施肥要看苗施肥，以防植株徒长，第一年 4 月下旬追施人、畜粪肥，第二年 4 月施 1 次追肥，第三、四年可增施磷、钾肥。每年要摘除花轴。

附录 徐州现有植物种类

序号	科	属	种	属区系	科区系	拉丁文
1	卷柏科	卷柏属	中华卷柏	1	1	*Selaginella sinensis* (Desv.) Spring
2	木贼科	木贼属	节节草	1	1	*Equisetum ramosissimum* Desf.
3	木贼科	木贼属	笔管草	1	1	*Equisetum ramosissimum* Desf. subsp. debile (Roxb. ex Vauch.) Hauke
4	紫萁科	紫萁属	紫萁	8	1	*Osmunda japonica* Thunb.
5	海金沙科	海金沙属	海金沙	2	2	*Lygodium japonicum* (Thunb.) Sw.
6	里白科	芒萁属	芒萁	3	3	*Dicranopteris dichotoma* (Thunb.) Bernh.
7	陵齿蕨科	乌蕨属	乌蕨	2	2	*Stenoloma chusanum* Ching
8	凤尾蕨科	凤尾蕨属	井栏边草	2	2	*Pteris multifida* poir.
9	中国蕨科	金粉蕨属	野雉尾金粉蕨	2	2	*Onychium japonicum* (Thunb.) Kze.
10	鳞毛蕨科	贯众属	贯众	6	1	*Cyrtomium fortunei* J. Sm.
11	苹科	苹属	苹	1	1	*Marsilea quadrifolia* L.
12	槐叶苹科	槐叶苹属	槐叶苹	1	1	*Salvinia natans* (L.) All.
13	满江红科	满江红属	满江红	1	1	*Azolla imbricate* (Roxb.) Nakai
14	瓶儿小草科	瓶尔小草属	狭叶瓶儿小草	1	1	*Ophioglossum thermale* Kom.
15	水韭科	水韭属	中华水韭	1	1	*Isoëtes sinensis* Palmer
16	银杏科	银杏属	银杏	14	14	*Ginkgo biloba* L.
17	松科	金钱松属	金钱松	15	8	*Pseudolarix amabilis* (Nelson) Rehd.
18	松科	雪松属	雪松	10	8	*Cedrus deodara* (Roxb.) G. Don
19	松科	松属	白皮松	8	8	*Pinus bungeana* Zucc. ex Endl.
20	松科	松属	黑松	8	8	*Pinus thunbergii* Parl.
21	松科	松属	油松	8	8	*Pinus tabulasformis* Carr.
22	松科	松属	马尾松	8	8	*Pinus massoniana* Lamb.
23	松科	松属	湿地松	8	8	*Pinus elliottii* Engelm.

序号	科	属	种	属区系	科区系	拉丁文
24	松科	松属	火炬松	8	8	*Pinus taeda* L.
25	松科	松属	日本五针松	8	8	*Pinus parviflora* Sieb. et Zucc.
26	松科	云杉属	云杉	8	8	*Picea asperata* Mast.
27	松科	云杉属	红皮云杉	8	8	*Picea koraiensis* Nakai.
28	杉科	水松属	水松	15	8	*Glyptostrobus pensilis* (Staunt.) Koch
29	杉科	杉木属	杉木	3	8	*Cunninghamia lanceolata* (Lamb.) Hook.
30	杉科	柳杉属	柳杉	14	8	*Cryptomeria fortunei* Hooibrenk ex Otto et Dietr.
31	杉科	落羽杉属	落羽杉	8	8	*Taxodium distichum* (L.) Rich.
32	杉科	落羽杉属	池杉	8	8	*Taxodium ascendens* Brongn.
33	杉科	北美红杉属	北美红杉	8	8	*Sequoia sempervirens* (Lamb.) Endl.
34	杉科	水杉属	水杉	15	8	*Metasequoia glyptostroboides* Hu et Cheng
35	红豆杉科	红豆杉属	红豆杉	1	8	*Taxus chinensis* (Pilger) Rehd.
36	柏科	侧柏属	侧柏	14	8	*Platycladus orientalis* (L.) Franco
37	柏科	柏木属	柏木	8	8	*Cupressus funebris* Endl.
38	柏科	扁柏属	日本扁柏	9	8	*Chamaecyparis obtusa* (Sieb. et Zucc.) Endl.
39	柏科	扁柏属	线柏	9	8	*Chamaecyparis pisifera* (Sieb. et Zucc.) Endl. var. *filifera* (Veitch) Lav. Arb. Segrez
40	柏科	扁柏属	绒柏	9	8	*Chamaecyparis pisifera* (Sieb. et Zucc.) Endl. cv. 'Squarrosa' (Veitch) Hartwig et Rümpler
41	柏科	刺柏属	刺柏	8	8	*Juniperus formosana* Hayata
42	柏科	刺柏属	欧洲刺柏	8	8	*Juniperus communis* L.
43	柏科	圆柏属	北美圆柏	8	8	*Sabina virginiana* (L.)
44	柏科	圆柏属	圆柏	8	8	*Sabina chinensis* (L.) Ant.
45	柏科	圆柏属	龙柏	8	8	*Sabina chinensis* (L.) Ant. cv. 'Kaizuca'
46	柏科	圆柏属	鹿角桧	8	8	*Sabina chinensis* (L.) Ant. cv. 'Pfitzeriana'

序号	科	属	种	属区系	科区系	拉丁文
47	柏科	圆柏属	铺地柏	8	8	*Sabina procumbens* (Endl.) Iwata et Kusaka
48	柏科	翠柏属	翠柏	7	8	*Calocedrus macrolepis* Kurz
49	罗汉松科	罗汉松属	罗汉松	2	2	*Podocarpus macrophyllus* (Thunb.) D. Don
50	三白草科	蕺菜属	蕺菜	14	9	*Houttuynia cordata* Thunb.
51	杨柳科	杨属	毛白杨	8	8	*Populus tomentosa* Carr.
52	杨柳科	杨属	健杨	8	8	*Populus euramericana* (Dode) Guinier cv. 'Robusta'
53	杨柳科	杨属	沙兰杨	8	8	*Populus euramericana* (Dode) Guinier cv. 'Sacrou 79'
54	杨柳科	杨属	意大利 214 杨	8	8	*Populus euramevicana* (Dode) Guinier cv. 'I-214'
55	杨柳科	杨属	哈佛杨	8	8	*Populus euramevicana* (Dode) Guinier cv. 'Harvard'
56	杨柳科	杨属	响叶杨	8	8	*Populus adenopoda* Maxim.
57	杨柳科	杨属	钻天杨	8	8	*Populus nigra* L. var. italica (Moench.) Koehne
58	杨柳科	杨属	小叶杨	8	8	*Populus simonii* Carr.
59	杨柳科	杨属	银白杨	8	8	*Populus alba* L.
60	杨柳科	柳属	旱柳	8	8	*Salix matsudana* Koidz.
61	杨柳科	柳属	龙爪柳	8	8	*Salix matsudana* Koidz. f. *tortuosa* (Vilm.) Rehd.
62	杨柳科	柳属	馒头柳	8	8	*Salix matsudana* Koidz. f. *umbraculifera* Rehd.
63	杨柳科	柳属	垂柳	8	8	*Salix babylonica* L.
64	杨柳科	柳属	大叶柳	8	8	*Salix magnifica* Hemsl.
65	杨柳科	柳属	杞柳	8	8	*Salix integra* Thunb.
66	杨柳科	柳属	水柳	8	8	*Salix warburgii* Seemen
67	杨柳科	柳属	紫柳	8	8	*Salix wilsonii* Seemen
68	胡桃科	胡桃属	核桃	8	8	*Juglans regia* L.
69	胡桃科	山核桃属	山核桃	9	8	*Carya cathayensis* Sarg.
70	胡桃科	枫杨属	枫杨	11	8	*Pterocarya stenoptera* C. DC.

序号	科	属	种	属区系	科区系	拉丁文
71	胡桃科	化香树属	化香树	14	8	*Platycarya strobilacea* Sieb. et Zucc.
72	桦木科	桦木属	白桦	8	8	*Betula platyphylla* Suk.
73	壳斗科	栗属	板栗	8	8	*Castanea mollissima* Bl.
74	壳斗科	栗属	茅栗	8	8	*Castanea seguinii* Dode
75	壳斗科	栎属	栓皮栎	8	8	*Quercus variabilis* Bl.
76	壳斗科	栎属	麻栎	8	8	*Quercus acutissima* Carruth.
77	壳斗科	栎属	白栎	8	8	*Quercus fabri* Hance
78	壳斗科	栎属	锐齿槲栎	8	8	*Quercus aliena* Bl. var. *acuteserrata* Maxim. ex Wenz.
79	壳斗科	栎属	槲树	8	8	*Quercus dentata* Thunb.
80	壳斗科	栎属	槲栎	8	8	*Quercus aliena* Bl.
81	壳斗科	栎属	沼生栎	8	8	*Quercus palustris* Muench.
82	榆科	榆属	榆树	8	1	*Ulmus pumila* L.
83	榆科	榆属	榔榆	8	1	*Ulmus parvifolia* Jacq.
84	榆科	榆属	春榆	8	1	*Ulmus davidiana* Planch. var. *japonica* (Rehd.) Nakai
85	榆科	榆属	大果榆	8	1	*Ulmus macrocarpa* Hance
86	榆科	榉属	榉树	10	1	*Zelkova serrata* (Thunb.) Makino
87	榆科	朴属	朴树	2	1	*Celtis sinensis* Pers.
88	榆科	朴属	黑弹朴	2	1	*Celtis bungeana* Bl.
89	榆科	朴属	珊瑚朴	2	1	*Celtis julianae* Schneid.
90	榆科	朴属	紫弹朴	2	1	*Celtis biondii* Pamp.
91	榆科	青檀属	青檀	15	1	*Pteroceltis tatarinowii* Maxim.
92	榆科	糙叶树属	糙叶树	2	1	*Aphananthe aspera* (Thunb.) Planch.
93	榆科	刺榆属	刺榆	14	1	*Hemiptelea davidii* (Hance) Planch.
94	桑科	柘属	柘树	5	1	*Cudrania tricuspidata* (Carr.) Bur. ex Lavallee
95	桑科	桑属	桑树	8	1	*Morus alba* L.
96	桑科	桑属	鸡桑	8	1	*Morus australis* Poir.
97	桑科	桑属	蒙桑	8	1	*Morus mongolica* (Bur.) Schneid.
98	桑科	榕属	无花果	2	1	*Ficus carica* L.

序号	科	属	种	属区系	科区系	拉丁文
99	桑科	榕属	爬藤榕	2	1	*Ficus sarmentosa* Buch. -Ham. ex J. E. Sm. var *impressa* (Champ.) Corner
100	桑科	榕属	薜荔	2	1	*Ficus pumila* L.
101	桑科	构属	构树	7	1	*Broussonetia papyrifera* (L.) L'Hert. ex Vent.
102	桑科	葎草属	葎草	8	1	*Humulus scandens* (Lour.) Merr.
103	桑科	水蛇麻属	水蛇麻	4	1	*Fatoua villosa* (Thunb.) Nakai
104	桑科	大麻属	大麻	11	1	*Cannabis sativa* L.
105	荨麻科	苎麻属	苎麻	2	2	*Boehmeria nivea* (L.) Gaudich.
106	荨麻科	苎麻属	悬铃叶苎麻	2	2	*Boehmeria tricuspis* (Hance) Makino
107	荨麻科	苎麻属	大叶苎麻	2	2	*Boehmeria longispica* Steud.
108	荨麻科	花点草属	毛花点草	14	2	*Nanocnide lobata* Wedd.
109	檀香科	百蕊草属	百蕊草	4	2	*Thesium chinense* Turcz.
110	檀香科	百蕊草属	长叶百蕊草	4	2	*Thesium longifolium* Turcz.
111	马兜铃科	马兜铃属	马兜铃	2	2	*Aristolochia debilis* Sieb. et Zucc.
112	马兜铃科	马兜铃属	寻骨风	2	2	*Aristolochia mollissima* Hance
113	小檗科	小檗属	紫叶小檗	8	8	*Berberis thunbergii* DC. var. *atropurpurea* Chenault
114	小檗科	小檗属	日本小檗	8	8	*Berberis thunbergii* DC.
115	小檗科	小檗属	庐山小檗	8	8	*Berberis virgetorum* Schneid.
116	小檗科	小檗属	黄芦木	8	8	*Berberis amurensis* Rupr.
117	小檗科	十大功劳属	十大功劳	9	8	*Mahonia fortunei* (Lindl.) Fedde
118	小檗科	十大功劳属	阔叶十大功劳	9	8	*Mahonia bealei* (Fort.) Carr.
119	小檗科	南天竹属	南天竹	14	8	*Nandina domestica* Thunb.
120	防己科	木防己属	木防己	2	2	*Cocculus orbiculatus* (L.) DC.
121	防己科	千金藤属	千金藤	4	2	*Stephania japonica* (Thunb.) Miers
122	防己科	蝙蝠葛属	蝙蝠葛	9	2	*Menispermum dauricum* DC.
123	木兰科	木兰属	玉兰	9	9	*Magnolia denudata* Desr.
124	木兰科	木兰属	荷花玉兰	9	9	*Magnolia grandiflora* L.
125	木兰科	木兰属	紫玉兰	9	9	*Magnolia liliflora* Desr.
126	木兰科	木兰属	望春玉兰	9	9	*Magnolia biondii* Pampan.

序号	科	属	种	属区系	科区系	拉丁文
127	木兰科	鹅掌楸属	鹅掌楸	15	9	*Liriodendron chinense* (Hemsl.) Sargent.
128	蜡梅科	蜡梅属	蜡梅	15	9	*Chimonanthus praecox* (L.) Link
129	樟科	樟属	樟	3	2	*Cinnamomum camphora* (L.) Presl
130	樟科	檫木属	檫木	9	2	*Sassafras tzumu* (Hemsl.) Hemsl.
131	樟科	山胡椒属	山胡椒	9	2	*Lindera glauca* (Sieb. et Zucc.) Bl.
132	罂粟科	罂粟属	虞美人	8	8	*Papaver rhoeas* L.
133	罂粟科	博落回属	博落回	14	8	*Macleaya cordata* (Willd.) R. Br.
134	紫堇科	紫堇属	小药八旦子	14	8	*Corydalis caudata* (Lam.) Pers.
135	紫堇科	紫堇属	紫堇	14	8	*Corydalis edulis* Maxim.
136	紫堇科	紫堇属	刻叶紫堇	14	8	*Corydalis incisa* (Thunb.) Pers.
137	紫堇科	荷包牡丹属	荷包牡丹	9	8	*Dicentra spectabilis* (L.) Lem.
138	十字花科	独行菜属	北美独行菜	1	1	*Lepidium virginicum* L.
139	十字花科	荠属	荠	1	1	*Capsella bursa-pastoris* (L.) Medic.
140	十字花科	芸属	甘蓝	10	1	*Brassica oleracea* L.
141	十字花科	芸属	菜花	10	1	*Brassica oleracea* L. var. *botrytis* L.
142	十字花科	芸属	芸苔	10	1	*Brassica campestris* L.
143	十字花科	芸属	白菜	10	1	*Brassica pekinensis* (Lour.) Rupr.
144	十字花科	诸葛菜属	诸葛菜	11	1	*Orychophragmus violaceus* (L.) O. E. Schulz
145	十字花科	香雪球属	香雪球	12	1	*Lobularia maritima* (L.) Desv.
146	十字花科	碎米荠属	弹裂碎米荠	1	1	*Cardamine impatiens* L.
147	十字花科	碎米荠属	碎米荠	1	1	*Cardamine hirsuta* L.
148	十字花科	碎米荠属	弯曲碎米荠	1	1	*Cardamine flexuosa* With.
149	十字花科	葶苈属	葶苈	8	1	*Draba nemorosa* L.
150	十字花科	播娘蒿属	播娘蒿	8	1	*Descurainia sophia* (L.) Webb. ex Prantl
151	十字花科	蔊菜属	蔊菜	1	1	*Rorippa indica* (L.) Hiern
152	十字花科	蔊菜属	广州蔊菜	1	1	*Rorippa cantoniensis* (Lour.) Ohwi
153	十字花科	蔊菜属	风花菜	1	1	*Rorippa globosa* (Turcz.) Hayek
154	十字花科	糖芥属	小花糖芥	10	1	*Erysimum cheiranthoides* L.
155	十字花科	萝卜属	萝卜	12	1	*Raphanus sativus* L.

序号	科	属	种	属区系	科区系	拉丁文
156	海桐花科	海桐花属	海桐	4	4	*Pittosporum tobira* (Thunb.) Ait.
157	金缕梅科	枫香树属	枫香树	8	8	*Liquidambar formosana* Hance
158	金缕梅科	枫香树属	北美枫香	8	8	*Liquidambar styraciflua* L.
159	金缕梅科	蚊母树属	蚊母树	14	8	*Distylium racemosum* Sieb. et Zucc.
160	金缕梅科	檵木属	红花檵木	14	8	*Loropetalum chinense* (R. Br.) Oliver var. *rubrum* Yieh
161	杜仲科	杜仲属	杜仲	15	15	*Eucommia ulmoides* Oliver
162	悬铃木科	悬铃木属	三球悬铃木	8	8	*Platanus orientalis* L.
163	蔷薇科	绣线菊属	李叶绣线菊	8	1	*Spiraea prunifolia* Sieb. et Zucc.
164	蔷薇科	绣线菊属	华北绣线菊	8	1	*Spiraea fritschiana* Schneid.
165	蔷薇科	绣线菊属	光叶绣线菊	8	1	*Spiraea japonica* L. f. var. *fortunei* (Planchon) Rehd.
166	蔷薇科	绣线菊属	中华绣线菊	8	1	*Spiraea chinensis* Maxim.
167	蔷薇科	绣线菊属	毛花绣线菊	8	1	*Spiraea dasyantha* Bge.
168	蔷薇科	绣线菊属	珍珠绣线菊	8	1	*Spiraea thunbergii* Sieb. ex Blume
169	蔷薇科	绣线菊属	麻叶绣线菊	8	1	*Spiraea cantoniensis* Lour.
170	蔷薇科	绣线菊属	绣球绣线菊	8	1	*Spiraea blumei* G. Don
171	蔷薇科	绣线菊属	粉花绣线菊	8	1	*Spiraea japonica* L. f.
172	蔷薇科	风箱果属	风箱果	9	1	*Physocarpus amurensis* (Maxim.) Maxim.
173	蔷薇科	珍珠梅属	珍珠梅	9	1	*Sorbaria sorbifolia* (L.) A. Br.
174	蔷薇科	火棘属	火棘	10	1	*Pyracantha fortuneana* (Maxim.) Li
175	蔷薇科	火棘属	细圆齿火棘	10	1	*Pyracantha crenulata* (D. Don) Roem.
176	蔷薇科	山楂属	山楂	8	1	*Crataegus pinnatifida* Bge.
177	蔷薇科	枇杷属	枇杷	7	1	*Eriobotrya japonica* (Thunb.) Lindl.
178	蔷薇科	石楠属	石楠	9	1	*Photinia serrulata* Lindl.
179	蔷薇科	石楠属	红叶石楠	9	1	*Photinia x fraseri* Dress
180	蔷薇科	石楠属	椤木石楠	9	1	*Photinia davidsoniae* Rehd. et Wils.
181	蔷薇科	石楠属	中华石楠	9	1	*Photinia beauverdiana* Schneid.
182	蔷薇科	木瓜属	木瓜	14	1	*Chaenomeles sinensis* (Thouin) Koehne

序号	科	属	种	属区系	科区系	拉丁文
183	蔷薇科	木瓜属	日本木瓜	14	1	*Chaenomeles japonica* (Thunb.) Lindl. ex Spach
184	蔷薇科	苹果属	苹果	8	1	*Malus pumila* Mill.
185	蔷薇科	苹果属	海棠花	8	1	*Malus spectabilis* (Ait.) Borkh.
186	蔷薇科	苹果属	西府海棠	8	1	*Malus micromalus* Makino
187	蔷薇科	苹果属	垂丝海棠	8	1	*Malus halliana* Koehne
188	蔷薇科	苹果属	红花	8	1	*Malus asiatica* Nakai
189	蔷薇科	梨属	棠梨	10	1	*Pyrus xerophila* Yü.
190	蔷薇科	梨属	杜梨	10	1	*Pyrus betulifolia* Bge.
191	蔷薇科	梨属	豆梨	10	1	*Pyrus calleryana* Dcne.
192	蔷薇科	梨属	沙梨	10	1	*Pyrus pyrifolia* (Burm. f.) NaKai.
193	蔷薇科	蔷薇属	野蔷薇	8	1	*Rosa multiflora* Thunb.
194	蔷薇科	蔷薇属	小果蔷薇	8	1	*Rosa cymosa* Tratt.
195	蔷薇科	蔷薇属	七姊妹	8	1	*Rosa multiflora* Thunb var. platyphylla Thory
196	蔷薇科	蔷薇属	月季	8	1	*Rosa chinensis* Jacq.
197	蔷薇科	蔷薇属	微型月季	8	1	*Rosa chinensis* Jacq. cv. Miniature Roses Group
198	蔷薇科	蔷薇属	丰花月季	8	1	*Rosa chinensis* Jacq. cv. Floribunda Roses Group
199	蔷薇科	蔷薇属	木香花	8	1	*Rosa banksiae* Ait.
200	蔷薇科	蔷薇属	玫瑰	8	1	*Rosa rugosa* Thunb.
201	蔷薇科	蔷薇属	黄刺玫	8	1	*Rosa xanthina* Lindl.
202	蔷薇科	龙芽草属	龙芽草	8	1	*Agrimonia pilosa* Ldb.
203	蔷薇科	龙芽草属	绒毛龙芽草	8	1	*Agrimonia pilosa* Ldb. var. *nepalensis* (D. Don) NaKai
204	蔷薇科	地榆属	地榆	3	1	*Sanguisorba officinalis* L.
205	蔷薇科	棣棠花属	棣棠花	14	1	*Kerria japonica* (L.) DC.
206	蔷薇科	棣棠花属	重瓣棣棠花	14	1	*Kerria japonica* (L.) DC. f. *pleniflora* (Witte) Rehd.
207	蔷薇科	李属	李	8、	1	*Prunus salicina* Lindl. var *salicina*
208	蔷薇科	李属	紫叶李	8	1	*Prunus cerasifera* Ehrh. f. *atropurpurea* (Jacq.) Rehd.

序号	科	属	种	属区系	科区系	拉丁文
209	蔷薇科	桃属	桃	8	1	*Amygdalus persica* L.
210	蔷薇科	桃属	山桃	8	1	*Amygdalus davidiana* (Carr.) C. de Vos ex Henry
211	蔷薇科	桃属	垂枝桃	8	1	*Amygdalus persica* (L.) Batsch f. *pendula* Dipp.
212	蔷薇科	桃属	寿星桃	8	1	*Amygdalus persica* (L.) Batsch f. *densa* Mak.
213	蔷薇科	桃属	碧桃	8	1	*Amygdalus persica* (L.) Batsch f. *duplex* Rehd.
214	蔷薇科	桃属	蟠桃	8	1	*Amygdalus persica* L. var. *compressa* (Loud.) Yü et Lu
215	蔷薇科	桃属	榆叶梅	8	1	*Amygdalus triloba* (Lindl.) Ricker
216	蔷薇科	桃属	油桃	8	1	*Amygdalus persica* L. var. *nectarina* Maxim
217	蔷薇科	杏属	游龙梅	8	1	*Armeniaca mume* Sieb. var. *tortuosa* T. Y. Chen et H. H. Lu
218	蔷薇科	杏属	杏梅	8	1	*Armeniaca mume* Sied. var. *bungo* Makino
219	蔷薇科	杏属	杏	8	1	*Armeniaca vulgaris* Lam.
220	蔷薇科	樱属	东京樱花	8	1	*Cerasus yedoensis* (Matsum.) Yü et Li
221	蔷薇科	樱属	日本晚樱	8	1	*Cerasus serrulata* G. Don var. *lannesiana* (Carr.) Makion
222	蔷薇科	樱属	樱桃	8	1	*Cerasus pseudocerasus* (Lindl.) G. Don
223	蔷薇科	樱属	麦李	8	1	*Cerasus glandulosa* (Thunb.) Lois.
224	蔷薇科	樱属	毛叶欧李	8	1	*Cerasus dictyoneura* (Diels) Yü
225	蔷薇科	樱属	郁李	8	1	*Cerasus japonica* (Thunb.) Lois.
226	蔷薇科	悬钩子属	山莓	1	1	*Rubus corchorifolius* L. f.
227	蔷薇科	悬钩子属	蓬蘽	1	1	*Rubus hirsutus* Thunb.
228	蔷薇科	悬钩子属	茅莓	1	1	*Rubus parvifolius* L.
229	蔷薇科	悬钩子属	高粱泡	1	1	*Rubus lambertianus* Ser.
230	蔷薇科	蛇莓属	蛇莓	7	1	*Duchesnea indica* (Andr.) Focke
231	蔷薇科	委陵菜属	翻白草	8	1	*Potentilla discolor* Bge.

序号	科	属	种	属区系	科区系	拉丁文
232	蔷薇科	委陵菜属	委陵菜	8	1	*Potentilla chinensis* Ser.
233	蔷薇科	委陵菜属	蛇含委陵菜	8	1	*Potentilla kleiniana* Wight et Arn.
234	蔷薇科	委陵菜属	三叶委陵菜	8	1	*Potentilla freyniana* Bornm.
235	蔷薇科	委陵菜属	朝天委陵菜	8	1	*Potentilla supina* L.
236	蔷薇科	草莓属	草莓	8	1	*Fragaria* × *ananassa* Duch.
237	豆科	合欢属	合欢	2	1	*Albizia julibrissin* Durazz.
238	豆科	合欢属	山槐	2	1	*Albizia kalkora* (Roxb.) Prain
239	豆科	紫荆属	紫荆	8	1	*Gercis chinensis* Bunge
240	豆科	云实属	云实	2	1	*Caesalpinia decapetala* (Roth) Alston
241	豆科	皂荚属	皂角	9	1	*Gleditsia sinensis* Lam.
242	豆科	决明属	决明	2	1	*Cassia tora* L.
243	豆科	紫藤属	紫藤	9	1	*Wisteria sinensis* (Sims) Sweet
244	豆科	刺槐属	刺槐	9	1	*Robinia pseudoacacia* L.
245	豆科	刺槐属	红花刺槐	9	1	*Robinia pseudoacacia* L. var. *decaisneana* Carr.
246	豆科	紫穗槐属	紫穗槐	9	1	*Amorpha fruticosa* L.
247	豆科	田菁属	田菁	2	1	*Sesbania cannabina* (Retz.) Poir.
248	豆科	锦鸡儿属	毛掌锦鸡儿	11	1	*Caragana leveillei* Kom.
249	豆科	锦鸡儿属	锦鸡儿	11	1	*Caragana sinica* (Buc'hoz) Rehd.
250	豆科	黄耆属	紫云英	1	1	*Astragalus sinicus* L.
251	豆科	米口袋属	米口袋	11	1	*Gueldenstaedtia verna* (Georgi) Boriss. subsp. *muitflora* (Bunge) Tsui
252	豆科	米口袋属	长柄米口袋	11	1	*Gueldenstaedtia harmsii* Ulbr.
253	豆科	甘草属	刺果甘草	12	1	*Glycyrrhiza pallidiflora* Maxim.
254	豆科	甘草属	甘草	12	1	*Glycyrrhiza uralensis* Fisch.
255	豆科	黄檀属	黄檀	2	1	*Dalbergia hupeana* Hance
256	豆科	合萌属	合萌	2	1	*Aeschynomene indica* L.
257	豆科	山蚂蝗属	小槐花	9	1	*Desmodium caudatum* (Thunb.) DC.
258	豆科	长炳山蚂蝗属	尖叶长炳山蚂蝗	9	1	*Podocarpium podocarpum* Var. *oxyphyllum* (DC.) Yang et Huang
259	豆科	胡枝子属	中华胡枝子	9	1	*Lespedeza chinensis* G. Don
260	豆科	胡枝子属	美丽胡枝子	9	1	*Lespedeza formosa* (Vog.) Koehne

序号	科	属	种	属区系	科区系	拉丁文
261	豆科	胡枝子属	绿叶胡枝子	9	1	*Lespedeza buergeri* Miq.
262	豆科	胡枝子属	兴安胡枝子	9	1	*Lespedeza davurica* (Laxm.) Schindl.
263	豆科	胡枝子属	绒毛胡枝子	9	1	*Lespedeza tomentosa* (Thunb.) Sieb. ex Maxim.
264	豆科	胡枝子属	多花胡枝子	9	1	*Lespedeza floribunda* Bunge
265	豆科	胡枝子属	阴山胡枝子	9	1	*Lespedeza inschanica* (Maxim.) Schindl.
266	豆科	胡枝子属	细梗胡枝子	9	1	*Lespedeza virgata* (Thunb.) DC.
267	豆科	胡枝子属	铁马鞭	9	1	*Lespedeza pilosa* (Thunb.) Sieb. et Zucc.
268	豆科	胡枝子属	截叶铁扫帚	9	1	*Lespedeza cuneata* (Dum.-Cours.) G. Don
269	豆科	莸子梢属	莸子梢	11	1	*Campylotropis macrocarpa* (Bgunge) Rehd.
270	豆科	鸡眼草属	鸡眼草	9	1	*Kummerowia striata* (Thunb.) Schindl
271	豆科	鸡眼草属	长萼鸡眼草	9	1	*Kummerowia stipulacea* (Maxim.) Makino
272	豆科	槐属	国槐	1	1	*Sophora japonica* L.
273	豆科	槐属	堇花槐	1	1	*Sophora japonica* L. var. *violacea* Carr.
274	豆科	槐属	龙爪槐	1	1	*Sophora japonica* L. var. *japonica* f. *pendula* Hort. apud Loud.
275	豆科	槐属	苦参	1	1	*Sophora flavescens* Alt.
276	豆科	草木犀属	草木犀	10	1	*Melilotus officinalis* (L.) Pall.
277	豆科	草木犀属	印度草木犀	10	1	*Melilotus indica* (L.) All.
278	豆科	苜蓿属	南苜蓿	10	1	*Medicago polymorpha* L.
279	豆科	苜蓿属	小苜蓿	10	1	*Medicago minima* (L.) Grufb.
280	豆科	苜蓿属	天蓝苜蓿	10	1	*Medicago lupulina* L.
281	豆科	苜蓿属	紫苜蓿	10	1	*Medicago sativa* L.
282	豆科	大豆属	大豆	5	1	*Glycine max* (L.) Merr.
283	豆科	大豆属	野大豆	5	1	*Glycine soja* Sieb. et Zucc.
284	豆科	两型豆属	两型豆	9	1	*Amphicarpaea edgeworthii* Benth.
285	豆科	鹿藿属	鹿藿	2	1	*Rhynchosia volubilis* Lour.

序号	科	属	种	属区系	科区系	拉丁文
286	豆科	葛属	葛	7	1	*Pueraria lobata* (Willd.) Ohwi
287	豆科	山黧豆属	香豌豆	9	1	*Lathyrus odoratus* L.
288	豆科	野豌豆属	窄叶野豌豆	8	1	*Vicia angustifolia* L. ex Reichard
289	豆科	野豌豆属	小巢菜	8	1	*Vicia hirsuta* (L.) S. F. Gray
290	豆科	野豌豆属	长柔毛野豌豆	8	1	*Vicia villosa* Roth
291	豆科	野豌豆属	广布野豌豆	8	1	*Vicia cracca* L.
292	豆科	野豌豆属	救荒野豌豆	8	1	*Vicia sativa* L.
293	豆科	木蓝属	华东木蓝	2	1	*Indigofera fortunei* Craib
294	豆科	木蓝属	苏木蓝	2	1	*Indigofera carlesii* Craib
295	豆科	木蓝属	马棘	2	1	*Indigofera pseudotinctoria* Matsum.
296	豆科	车轴草属	白车轴草	8	1	*Trifolium repens* L.
297	豆科	菜豆属	四季豆	2	1	*Phaseolus vulgaris* L.
298	豆科	豇豆属	豆角	2	1	*Vigna unguiculata* (L.) Walp.
299	豆科	豇豆属	绿豆	2	1	*Vigna radiata* (L.) Wilczek
300	豆科	豇豆属	赤豆	2	1	*Vigna angularis* (Willd.) Ohwi et Ohashi
301	大戟科	大戟属	银边翠	1	2	*Euphorbia marginata* Pursh.
302	大戟科	大戟属	一品红	1	2	*Euphorbia pulcherrima* Willd. et Kl.
303	大戟科	大戟属	地锦	1	2	*Euphorbia humifusa* Willd. ex Schlecht.
304	大戟科	大戟属	斑地锦	1	2	*Euphorbia maculata* L.
305	大戟科	大戟属	大戟	1	2	*Euphorbia pekinensis* Rupr.
306	大戟科	大戟属	月腺大戟	1	2	*Euphorbia ebracteolatae* Hayata.
307	大戟科	大戟属	乳浆大戟	1	2	*Euphorbia esula* L.
308	大戟科	大戟属	续随子	1	2	*Euphorbia lathylris* L.
309	大戟科	大戟属	泽漆	1	2	*Euphorbia helioscopia* L.
310	大戟科	大戟属	猩猩草	1	2	*Euphorbia cyathophora* Murr.
311	大戟科	大戟属	铁海棠	1	2	*Euphorbia milii* Ch. des Moulins
312	大戟科	秋枫属	重阳木	7	2	*Bischofia polycarpa* (Lévl.) Airy Shaw
313	大戟科	铁苋菜属	铁苋菜	2	2	*Acalypha australis* L.

序号	科	属	种	属区系	科区系	拉丁文
314	大戟科	地构叶属	地构叶	15	2	*Speranskia tuberculata* (Bunge) Baill.
315	大戟科	乌桕属	乌桕	2	2	*Sapium sebiferum* (L.) Roxb.
316	大戟科	山麻杆属	山麻杆	2	2	*Alchornea davidii* Franch.
317	大戟科	海漆属	红背桂花	6	2	*Excoecaria cochinchinensis* Lour.
318	大戟科	变叶木属	变叶木	5	2	*Codiaeum variegatum* (L.) A. Juss.
319	大戟科	算盘子属	算盘子	2	2	*Glochidion puberum* (L.) Hutch.
320	大戟科	白饭树属	一叶荻	2	2	*Flueggea suffruticosa* (Pall.) Baill.
321	大戟科	叶下珠属	叶下珠	2	2	*Phyllanthus urinaria* L.
322	大戟科	叶下珠属	蜜甘草	2	2	*Phyllanthus ussuriensis* Rupr. et Maxim.
323	大戟科	蓖麻属	蓖麻	2	2	*Ricinus communis* L.
324	大戟科	油桐属	油桐	14	2	*Vernicia fordii* (Hemsl.) Airy Shaw
325	卫矛科	卫矛属	扶芳藤	1	2	*Euonymus fortunei* (Turcz.) Hand. -Mazz
326	卫矛科	卫矛属	卫矛	1	2	*Euonymus alatus* (Thunb.) Sieb.
327	卫矛科	卫矛属	白杜	1	2	*Euonymus maackii* Rupr
328	卫矛科	卫矛属	冬青卫矛	1	2	*Euonymus japonica* Thunb.
329	卫矛科	南蛇藤属	南蛇藤	2	2	*Celastrus orbiculatus* Thunb.
330	黄杨科	黄杨属	黄杨	8	8	*Buxus sinica* (Rehd. et Wils.) Cheng
331	黄杨科	黄杨属	大叶黄杨	8	8	*Buxus megistophylla* Lévl.
332	漆树科	黄连木属	黄连木	12	2	*Pistacia chinensis* Bunge
333	漆树科	黄栌属	毛黄栌	8	2	*Cotinus coggygria* Scop. var. *pubescens* Engl.
334	漆树科	盐肤木属	火炬树	8	2	*Rhus typhina* L.
335	漆树科	盐肤木属	盐肤木	8	2	*Rhus chinensis* Mill.
336	漆树科	漆属	木蜡树	14	2	*Toxicodendron sylvestre* (Sieb. et Zucc.) O. Kunrze
337	漆树科	漆属	野漆树	14	2	*Toxicodendron succedaneum* (L.) O. Kuntze
338	冬青科	冬青属	枸骨	2	3	*Ilex cornuta* Lindl. et Paxt.
339	冬青科	冬青属	无刺枸骨	2	3	*Ilex curnuta* Lindl. var. *fortunei* S. Y. Hu

序号	科	属	种	属区系	科区系	拉丁文
340	冬青科	冬青属	冬青	2	3	*Ilex chinensis* Sims
341	冬青科	冬青属	龟甲冬青	2	3	*Ilex crenata* Thunb. var. *convexa* Makino
342	槭树科	槭属	五角枫	8	8	*Acer pictum* Thunb. subsp. *mono* (Maxim.) H. Ohashi
343	槭树科	槭属	三角槭	8	8	*Acer buergerianum* Miq.
344	槭树科	槭属	鸡爪槭	8	8	*Acer palmatum* Thunb.
345	槭树科	槭属	红枫	8	8	*Acer palmatum* Thunb f. *atropurpureum* (Van Houtte) Schwerim
346	槭树科	槭属	元宝枫	8	8	*Acer truncatum* Bundge
347	槭树科	槭属	羽毛槭	8	8	*Acer palmatum* Thunb. var. *dissectum* (Thunb.) Miq.
348	槭树科	槭属	樟叶槭	8	8	*Acer cinnamomifolium* Hayata
349	槭树科	槭属	茶条槭	8	8	*Acer ginnala* Maxim.
350	槭树科	槭属	梣叶槭	8	8	*Acer negundo* L.
351	七叶树科	七叶树属	七叶树	8	3	*Aesculus chinensis* Bunge
352	无患子科	栾树属	栾树	15	2	*Koelreuteria paniculata* Laxm.
353	无患子科	栾树属	复叶栾树	15	2	*Koelreuteria bipinnata* Franch.
354	无患子科	文冠果属	文冠果	15	2	*Xanthoceras sorbifolia* Bunge
355	无患子科	无患子属	无患子	3	2	*Sapindus mukorossi* Gaertn.
356	无患子科	伞花木属	伞花木	15	2	*Eurycorymbus cavaleriei* (Lévl.) Rehd. et Hand. -Mazz.
357	鼠李科	枳椇属	枳椇	14	1	*Hovenia acerba* Lindl.
358	鼠李科	枳椇属	北枳椇	14	1	*Hovenia dulcis* Thunb.
359	鼠李科	枣属	枣	2	1	*Ziziphus jujuba* Mill.
360	鼠李科	枣属	山枣	2	1	*Ziziphus montana* W. W. Sminth
361	鼠李科	雀梅藤属	雀梅藤	3	1	*Sageretia thea* (Osbeck) Johnst.
362	鼠李科	猫乳属	猫乳	5	1	*Rhamnella franguloides* (Maxim.) Weberb.
363	鼠李科	鼠李属	冻绿	1	1	*Rhamnus utilis* Decne.
364	鼠李科	鼠李属	圆叶鼠李	1	1	*Rhamnus globosa* Bunge
365	锦葵科	木槿属	木槿	2	2	*Hibiscus syriacus* L.

序号	科	属	种	属区系	科区系	拉丁文
366	锦葵科	木槿属	木芙蓉	2	2	*Hibiscus mutabilis* L.
367	锦葵科	木槿属	芙蓉葵	2	2	*Hibiscus moscheutos* L.
368	锦葵科	木槿属	野西瓜苗	2	2	*Hibiscus trionum* L.
369	锦葵科	秋葵属	咖啡黄葵	4	2	*Abelmoschus esculentus* (L.) Moench
370	锦葵科	锦葵属	锦葵	10	2	*Malva sinensis* Cavan.
371	锦葵科	蜀葵属	蜀葵	10	2	*Althaea rosea* (L.) Cavan.
372	锦葵科	苘麻属	苘麻	2	2	*Abutilon theophrasti* Medicus
373	锦葵科	黄花稔属	湖南黄花稔	2	2	*Sida cordifolioides* Feng
374	锦葵科	棉属	陆地棉	2	2	*Gossypium hirsutum* L.
375	梧桐科	梧桐属	梧桐	14	2	*Firmiana platanifolia* (L. f.) Marsili
376	山茶科	山茶属	山茶	7	2	*Camellia japonica* L.
377	山茶科	山茶属	茶	7	2	*Camellia sinensis* (L.) O. Ktze.
378	山茶科	柃木属	滨柃	3	2	*Eurya emarginata* (Thunb.) Makino
379	堇菜科	堇菜属	堇菜	1	1	*Viola verecunda* A. Gray
380	堇菜科	堇菜属	三色堇	1	1	*Viola tricolor* L.
381	堇菜科	堇菜属	戟叶堇菜	1	1	*Viola betonicifolia* J. E. Smith
382	堇菜科	堇菜属	球果堇菜	1	1	*Viola collina* Bess.
383	堇菜科	堇菜属	斑叶堇菜	1	1	*Viola variegata* Fisch. ex Link
384	堇菜科	堇菜属	心叶堇菜	1	1	*Viola concordifolia* C. J. Wang
385	堇菜科	堇菜属	紫花地丁	1	1	*Viola philippica* Cav.
386	秋海棠科	秋海棠属	秋海棠	2	2	*Begonia grandis* Dry.
387	藤黄科	金丝桃属	金丝桃	1	2	*Hypericum monogynum* L.
388	柽柳科	柽柳属	柽柳	10	10	*Tamarix chinensis* Lour.
389	瑞香科	结香属	结香	14	1	*Edgeworthia chrysantha* Lindl.
390	瑞香科	瑞香属	芫花	8	1	*Daphne genkwa* Sieb. et Zucc.
391	胡颓子科	胡颓子属	胡颓子	8	8	*Elaeagnus pungens* Thunb.
392	胡颓子科	胡颓子属	金边胡颓子	8	8	*Elaeagnus pungens* Thunb. var. *varlegata* Rehd.
393	千屈菜科	紫薇属	紫薇	5	1	*Lagerstroemia indica* L.
394	千屈菜科	千屈菜属	千屈菜	1	1	*Lythrum salicaria* L.
395	石榴科	石榴属	石榴	12	12	*Punica granatum* L.

序号	科	属	种	属区系	科区系	拉丁文
396	八角枫科	八角枫属	瓜木	4	4	*Alangium platanifolium* (Sieb. et Zucc.) Harms
397	蓝果树科	蓝果树属	蓝果树	9	9	*Nyssa sinensis* Oliv.
398	蓝果树科	喜树属	喜树	15	9	*Camptotheca acuminata* Decne.
399	桃金娘科	红千层属	红千层	5	2	*Callistemon rigidus* R. Br.
400	桃金娘科	香桃木属	香桃木	12	2	*Myrtus communis* L.
401	五加科	八角金盘属	八角金盘	14	3	*Fatsia japonica* (Thunb.) Decne. et Planch.
402	五加科	常春藤属	常春藤	12	3	*Hedera nepalensis* var. K. Koch var. *sinensis* (Tobl.) Rehd.
403	五加科	刺楸属	刺楸	14	3	*Kalopanax septemlobus* (Thunb.) Koidz.
404	五加科	五加属	五加	14	3	*Acanthopanax gracilistylus* W. W. Smith
405	五加科	楤木属	楤木	9	3	*Aralia chinensis* L.
406	五加科	人参属	人参	9	3	*Panax ginseng* C. A. Mey.
407	山茱萸科	梾木属	红瑞木	8	8	*Swida alba* Opiz
408	山茱萸科	梾木属	毛梾	8	8	*Swida walteri* (Wanger.) Sojak
409	山茱萸科	山茱萸属	山茱萸	8	8	*Cornus officinalis* Sieb. et Zucc.
410	山茱萸科	四照花属	四照花	14	8	*Dendrobenthamia japonica* (DC.) Fang var. *chinensis* (Osborn) Fang
411	山茱萸科	桃叶珊瑚属	花叶青木	14	8	*Aucuba japonica* Thunb. var. *variegata* D'Ombr.
412	柿科	柿属	柿树	2	2	*Diospyros kaki* Thunb.
413	柿科	柿属	君迁子	2	2	*Diospyros lotus* L.
414	柿科	柿属	老鸦柿	2	2	*Diospyros rhombifolia* Hemsl.
415	柿科	柿属	野柿	2	2	*Diospyros kaki* var. silvestris Makino
416	安息香科	安息香属	赛山梅	3	3	*Styrax confusus* Hemsl.
417	安息香科	秤锤树属	秤锤树	15	3	*Sinojackia xylocarpa* Hu
418	木犀科	梣属	白蜡树	8	1	*Fraxinus chinensis* Roxb.
419	木犀科	梣属	小蜡树	8	1	*Fraxinus sieboldiana* Blume
420	木犀科	梣属	美国白蜡	8	1	*Fraxinus americana* L.
421	木犀科	梣属	光蜡树	8	1	*Fraxinus griffithii* C. B. Clarke

序号	科	属	种	属区系	科区系	拉丁文
422	木犀科	连翘属	金钟花	10	1	*Forsythia viridissima* Lindl.
423	木犀科	连翘属	连翘	10	1	*Forsythia suspensa* (Thunb.) Vahl
424	木犀科	流苏树属	流苏树	9	1	*Chionanthus retusus* Lindl. et Paxt.
425	木犀科	女贞属	女贞	10	1	*Ligustrum lucidum* Ait.
426	木犀科	女贞属	小蜡	10	1	*Ligustrum sinense* Lour.
427	木犀科	女贞属	日本女贞	10	1	*Ligustrum japonicum* Thunb.
428	木犀科	女贞属	小叶女贞	10	1	*Ligustrum quihoui* Carr.
429	木犀科	女贞属	紫药女贞	10	1	*Ligustrum delavayanum* Hariot
430	木犀科	木犀榄属	油橄榄	12	1	*Olea europaea* L.
431	木犀科	木犀属	金桂	9	1	*Osmanthus fragrans* (Thunb.) Lour. var. *thunbergii* Makino
432	木犀科	木犀属	银桂	9	1	*Osmanthus fragrans* (Thunb.) Lour. var. *latifolius* Makino
433	木犀科	木犀属	丹桂	9	1	*Osmanthus fragrans* (Thunb.) Lour. var. *aurantiacus* Makino
434	木犀科	木犀属	四季桂	9	1	*Osmanthus fragrans* (Thunb.) Lour. var. *semperflorens* Hort.
435	木犀科	木犀属	柊树	9	1	*Osmanthus heterophyllus* (G. Don) P. S. Green
436	木犀科	丁香属	紫丁香	10	1	*Syringa oblata* Lindl.
437	木犀科	雪柳属	雪柳	10	1	*Fontanesia* fortunei Carr.
438	木犀科	素馨属	迎春花	1	1	*Jasminum nudiflorum* Lindl.
439	木犀科	素馨属	探春花	1	1	*Jasminum floridum* Bunge.
440	木犀科	茉莉属	云南黄馨	2	1	*Jasminum mesnyi* Hance
441	马钱科	醉鱼草属	醉鱼草	2	2	*Buddleja lindleyana* Fortune
442	马钱科	醉鱼草属	大叶醉鱼草	2	2	*Buddleja davidii* Franch.
443	夹竹桃科	夹竹桃属	夹竹桃	10	2	*Nerium indicum* Mill.
444	夹竹桃科	络石属	络石	9	2	*Trachelospermum jasminoides* (Lindl.) Lem.
445	夹竹桃科	罗布麻属	罗布麻	9	2	*Apocynum venetum* L.
446	夹竹桃科	长春花属	长春花	6	2	*Catharanthus roseus* (L.) G. Don
447	夹竹桃科	蔓长春花属	花叶蔓长春花	10	2	*Vinca major* L. cv. Variegata

序号	科	属	种	属区系	科区系	拉丁文
448	萝藦科	萝藦属	萝藦	14	2	*Metaplexis japonica* (Thunb.) Makino
449	萝藦科	鹅绒藤属	飞来鹤	10	2	*Cynanchum auriculatum* Royle ex Wight
450	萝藦科	鹅绒藤属	变色白前	10	2	*Cynanchum versicolor* Bunge
451	萝藦科	鹅绒藤属	徐长卿	10	2	*Cynanchum paniculatum* (Bunge) Kitagawa
452	萝藦科	鹅绒藤属	地梢瓜	10	2	*Cynanchum thesioides* (Freyn) K. Schum.
453	萝藦科	鹅绒藤属	鹅绒藤	10	2	*Cynanchum chinense* R. Br.
454	萝藦科	鹅绒藤属	紫花合掌消	10	2	*Cynanchum amplexicaule* (Sieb. et Zucc.) Hemsl. var. *castaneum* Makino
455	马鞭草科	木青属	苦郎树	2	3	*Clerodendrum inerme* (L.) Gaertn.
456	马鞭草科	马鞭草属	马鞭草	2	3	*Verbena officinalis* L.
457	马鞭草科	马鞭草属	美女樱	2	3	*Verbena hybrida* Voss
458	马鞭草科	大青属	大青	2	3	*Clerodendrum cyrtophyllum* Turcz.
459	马鞭草科	牡荆属	单叶蔓荆	2	3	*Vitex trifolia* L. var. *simplicifolia* Cham.
460	马鞭草科	牡荆属	黄荆	2	3	*Vitex negundo* L.
461	马鞭草科	牡荆属	杜荆	2	3	*Vitex. negundo* L. var. *cannabifolia* (sieb. et zucc.) hand. -mazz.
462	马鞭草科	紫珠属	白棠子树	2	3	*Callicarpa dichotoma* (Lour.) K. Koch
463	茄科	枸杞属	枸杞	8	1	*Lycium chinense* Mill.
464	茄科	碧冬茄属	矮牵牛	3	1	*Petunia hybrida* Vilm.
465	茄科	夜香树属	夜香树	3	1	*Cestrum nocturnum* L.
466	茄科	辣椒属	辣椒	3	1	*Capsicum annuum* L.
467	茄科	茄属	冬珊瑚	1	1	*Solanum pseudo-capsicum* L. var. *diflorum* (Vell.) Bitter
468	茄科	茄属	龙葵	1	1	*Solanum nigrum* L.
469	茄科	茄属	白英	1	1	*Solanum lyratum* Thunb.
470	茄科	茄属	茄	1	1	*Solanum melongena* L.

序号	科	属	种	属区系	科区系	拉丁文
471	茄科	酸浆属	酸浆	1	1	*Physalis alkekengi* L.
472	茄科	番茄属	番茄	1	1	*Lycopersicon esculentum* Mill.
473	玄参科	泡桐属	泡桐	14	1	*Paulownia fortunei* (Seem.) Hensl
474	玄参科	金鱼草属	金鱼草	1	1	*Antirrhinum majus* L.
475	玄参科	胡麻草属	胡麻草	5	1	*Centranthera cochinchinensis* (Lour.) Merr.
476	玄参科	柳穿鱼属	柳穿鱼	8	1	*Linaria vulgaris* Mill.
477	玄参科	阴行草属	阴行草	10	1	*Siphonostegia chinensis* Benth.
478	玄参科	通泉草属	弹刀子菜	5	1	*Mazus stachydifolius* (Turcz.) Maxim.
479	玄参科	通泉草属	通泉草	5	1	*Mazus japonicus* (Thunb.) O. Kuntze
480	玄参科	地黄属	地黄	14	1	*Rehmannia glutinosa* (Gaetn.) Libosch.
481	玄参科	母草属	母草	2	1	*Lindernia crustacea* (L.) F. Muell.
482	玄参科	婆婆纳属	北水苦荬	8	1	*Veronica anagallis-aquatica* L.
483	玄参科	婆婆纳属	阿拉伯婆婆纳	8	1	*Veronica persica* Poir.
484	玄参科	婆婆纳属	婆婆纳	8	1	*Veronica didyma* Tenore
485	玄参科	婆婆纳属	直立婆婆纳	8	1	*Veronica arvensis* L.
486	紫葳科	梓属	楸	9	2	*Catalpa bungei* C. A. Mey.
487	紫葳科	梓属	梓树	9	2	*Catalpa ovata* G. Don
488	紫葳科	梓属	黄金树	9	2	*Catalpa speciosa* (Warder ex Barney) Engelmann
489	紫葳科	角蒿属	角蒿	13	2	*Incarvillea sinensis* Lam.
490	紫葳科	凌霄属	凌霄	9	2	*Campsis grandiflora* (Thunb.) Schum.
491	紫葳科	凌霄属	美国凌霄	9	2	*Campsis radicans* (L.) Seem.
492	紫葳科	硬骨凌霄属	硬骨凌霄	9	2	*Tecomaria capensis* (Thunb.) Spach
493	爵床科	爵床属	爵床	4	2	*Rostellularia procumbens* (L.) Nees
494	茜草科	栀子属	栀子	4	1	*Gardenia jasminoides* J. Ellis
495	茜草科	白马骨属	六月雪	14	1	*Serissa japonica* (Thunb.) Thunb.
496	茜草科	虎刺属	虎刺	14	1	*Damnacanthus indicus* Gaertn. f.

序号	科	属	种	属区系	科区系	拉丁文
497	茜草科	水团花属	水杨梅	14	1	*Adina rubella* Hance
498	茜草科	鸡矢藤属	鸡矢藤	7	1	*Paederia scandens* (Lour.) Merr.
499	茜草科	茜草属	茜草	8	1	*Rubia cordifolia* L.
500	茜草科	拉拉藤属	猪殃殃	1	1	*Galium spurium* L.
501	茜草科	拉拉藤属	细叶猪殃殃	1	1	*Galium trifidum* L.
502	茜草科	拉拉藤属	四叶葎	1	1	*Galium bungei* Steud.
503	茜草科	拉拉藤属	蓬子菜	1	1	*Galium verum* L.
504	忍冬科	锦带花属	海仙花	14	8	*Weigela coraeensis* Thunb.
505	忍冬科	锦带花属	锦带花	14	8	*Weigela florida* (Bunge) A. DC.
506	忍冬科	六道木属	六道木	9	8	*Abelia biflora* Turcz.
507	忍冬科	蝟实属	蝟实	15	8	*Kolkwitzia amabilis* Graebn.
508	忍冬科	忍冬属	金银木	8	8	*Lonicera maackii* (Rupr.) Maxim.
509	忍冬科	忍冬属	金银花	8	8	*Lonicera japonica* Thunb.
510	忍冬科	忍冬属	郁香忍冬	8	8	*Lonicera fragrantissima* Lindl. et. Paxt.
511	忍冬科	忍冬属	下江忍冬	8	8	*Lonicera modesta* Rehd.
512	忍冬科	接骨木属	接骨木	8	8	*Sambucus williamsii* Hance
513	忍冬科	接骨木属	接骨草	8	8	*Sambucus chinensis* Lindl.
514	忍冬科	荚蒾属	雪球荚蒾	8	8	*Viburnum plicatum* Thunb.
515	忍冬科	荚蒾属	珊瑚树	8	8	*Viburnum odoratissimum* Ker-Gawl.
516	忍冬科	荚迷属	日本珊瑚树	8	8	*Viburnum odoratissimum* Ker-Gawl. var. *awabuki* (K. Koch) Zabel ex Rumpl.
517	忍冬科	荚蒾属	饭汤子	8	8	*Viburnum setigerum* Hance
518	忍冬科	荚蒾属	荚蒾	8	8	*Viburnum dilatatum* Thunb.
519	忍冬科	荚蒾属	琼花	8	8	*Viburnum macrocephalum* Fort. f. *keteleeri* (Carr.) Rehd. Bibl. Cult.
520	禾本科	刚竹属	毛竹	14	1	*Phyllostachys heterocycla* (Carr.) Mitford cv. Pubescens
521	禾本科	刚竹属	桂竹	14	1	*Phyllostachys bambusoides* Sieb. et Zucc.
522	禾本科	刚竹属	刚竹	14	1	*Phyllostachys sulphurea* (Carr.) A. et C. Riv. cv. Viridis

序号	科	属	种	属区系	科区系	拉丁文
523	禾本科	刚竹属	紫竹	14	1	*Phyllostachys nigra* (Lodd. ex Lindl.) Munro
524	禾本科	刚竹属	淡竹	14	1	*Phyllostachys glauca* McClure
525	禾本科	刚竹属	人面竹	14	1	*Phyllostachys aurea* Carr. ex A. et C. Riv.
526	禾本科	刚竹属	金镶玉竹	14	1	*Phyllostachys aureosulcata* McClure cv. Spectabilis
527	禾本科	刚竹属	黄古竹	14	1	*Phyllostachys angusta* McClure
528	禾本科	刚竹属	水竹	14	1	*Phyllostachys heteroclada* Oliver
529	禾本科	刚竹属	龟甲竹	14	1	*Phyllostachys heterocycla* (Carr.) Mitford.
530	禾本科	淡竹叶属	淡竹叶	5	1	*Lophatherum gracile* Brongn.
531	禾本科	簕竹属	佛肚竹	4	1	*Bambusa ventricosa* McClure
532	禾本科	簕竹属	凤尾竹	4	1	*Bambusa multiplex* (Lour.) Raeuschel ex J. A. et J. H. Schult. cv. Fernleaf
533	禾本科	簕竹属	孝顺竹	4	1	*Bambusa multiplex* (Lour.) Raeuschel ex J. A. et J. H. Schult. var. *multiplex*
534	禾本科	箬竹属	箬竹	15	1	*Indocalamus tessellatus* (Munro) Keng f.
535	禾本科	箬竹属	阔叶箬竹	15	1	*Indocalamus latifolius* (Keng) McClure
536	禾本科	蒲苇属	蒲苇	3	1	*Cortaderia selloana* (Schult.) Aschers. et Graebn.
537	禾本科	早熟禾属	早熟禾	1	1	*Poa annua* L.
538	禾本科	早熟禾属	草地早熟禾	1	1	*Poa pratensis* L.
539	禾本科	早熟禾属	白顶早熟禾	1	1	*Poa acroleuca* Steud.
540	禾本科	臭草属	臭草	8	1	*Melicu scabrosa* Trin.
541	禾本科	雀麦属	雀麦	8	1	*Bromus japonica* Thunb. ex Murr.
542	禾本科	短柄草属	短柄草	8	1	*Brachypodium sylvaticum* (Huds) Beauv.
543	禾本科	芒属	五节芒	6	1	*Miscanthus floridulus* (Lab.) Warb. ex Schum. et Laut.

序号	科	属	种	属区系	科区系	拉丁文
544	禾本科	芒属	芒	6	1	*Miscanthus sinensis* Andress.
645	禾本科	狗尾草属	谷子	2	1	*Setaria italica* (L.) Beauv.
546	禾本科	狗尾草属	狗尾草	2	1	*Setaira viridis* (L.) Beauv.
547	禾本科	狗尾草属	金色狗尾草	2	1	*Setaria glauca* (L.) Beauv.
548	禾本科	狼尾草属	狼尾草	2	1	*Pennisetum alopecuroides* (L.) Spreng.
549	禾本科	画眉草属	知风草	2	1	*Eragrostis ferruginea* (Thumb.) Beauv.
550	禾本科	画眉草属	画眉草	2	1	*Eragrostis pilosa* (L.) Beauv.
551	禾本科	画眉草属	秋画眉草	2	1	*Eragrostis autumnalis* Keng
552	禾本科	画眉草属	大画眉草	2	1	*Eragrostis cilianensis* (All.) Link. ex Vignolo-Lurati
553	禾本科	画眉草属	小画眉草	2	1	*Eragrostis minor* Host
554	禾本科	画眉草属	乱草	2	1	*Eragrostis japonica* (Thunb.) Trin.
555	禾本科	求米草属	求米草	2	1	*Oplismenus undulatifolius* (Arduino) Beauv.
556	禾本科	芦苇属	芦苇	1	1	*Phragmites australis* (Cav.) Trin. ex Steud
557	禾本科	芦竹属	芦竹	10	1	*Arundo donax* L.
558	禾本科	芦竹属	花叶芦竹	10	1	*Arundo donax* L. var. *versicolor* (Mill.) Stokes
559	禾本科	鹅观草属	鹅观草	8	1	*Roegneria kamoji* Ohwi
560	禾本科	鹅观草属	纤毛鹅观草	8	1	*Roegneria ciliaris* (Trin.) Nevski
561	禾本科	鹅观草属	短芒鹅观草	8	1	*Roegneria ciliaris* (Trin.) Nevski var. *submutica* (Honda) Keng.
562	禾本科	鹅观草属	竖立鹅观草	8	1	*Roegneria japonensis* (Honda) Keng
563	禾本科	双稃草属	双稃草	2	1	*Diplachne fusca* (L.) Beauv.
564	禾本科	千金子属	千金子	2	1	*Leptochloa chinensis* (L.) Nees.
565	禾本科	千金子属	虮子草	2	1	*Leptochloa panicea* (Retz.) Ohwi
566	禾本科	穇属	牛筋草	2	1	*Eleusine indica* (L.) Gaertn.
567	禾本科	虎尾草属	虎尾草	2	1	*Chloris virgata* Sw.
568	禾本科	三毛草属	三毛草	8	1	*Trisetum bifidum* (Thunb.) Ohwi
569	禾本科	野青茅属	野青茅	8	1	*Deyeuxia arundinacea* (L.) Beauv.

序号	科	属	种	属区系	科区系	拉丁文
570	禾本科	拂子茅属	假苇拂子茅	8	1	*Calamagrostis pseudophragmites* (Hall. F.) Koel.
571	禾本科	拂子茅属	拂子茅	8	1	*Calamagrostis epigeios* (L.) Roth
572	禾本科	荻属	荻	14	1	*Triarrhena saccharlflora* (Maxim.) Nakai
573	禾本科	白茅属	白茅	2	1	*Imperata cylindrica* (L.) Beauv.
574	禾本科	菰属	茭白	9	1	*Zizania latifolia* (Griseb.) Stapf
575	禾本科	狗牙根属	狗牙根	2	1	*Cynodon dactylon* (L.) Pers.
576	禾本科	剪股颖属	剪股颖	1	1	*Agrostis matsumurae* Hack. ex Honda
577	禾本科	剪股颖属	台湾剪股颖	1	1	*Agrostis sozanensis* Hayata.
578	禾本科	棒头草属	棒头草	8	1	*Polypogon fugax* Nees ex Steud.
579	禾本科	鼠尾粟属	鼠尾粟	2	1	*Sporobolus fertilis* (Steud.) W. D. Clayt.
580	禾本科	看麦娘属	日本看麦娘	8	1	*Alopecurus japonicus* Steud.
581	禾本科	看麦娘属	看麦娘	8	1	*Alopecurus aequalis* Sobol.
582	禾本科	针茅属	长芒草	8	1	*Stipa bungeana* Trin.
583	禾本科	菵属	菵草	2	1	*Beckmannia syzigachne* (Steud.) Fern.
584	禾本科	黍属	糠稷	2	1	*Panicum bisulcatum* Thunb.
585	禾本科	稗属	稗	2	1	*Echinochloa crusgalli* (L.) Beauv.
586	禾本科	稗属	孔雀稗	2	1	*Echinochloa cruspavonis* (H. B. K.) Schult.
587	禾本科	稗属	无芒稗	2	1	*Echinochloa crusgalli* (L.) Beauv. var. *mitis* (Pursh) Peterm.
588	禾本科	稗属	旱稗	2	1	*Echinochloa hispidula* (Retz.) Nees
589	禾本科	稗属	光头稗	2	1	*Echinochloa colonum* (L.) Link
590	禾本科	稗属	长芒稗	2	1	*Echinochloa caudata* Roshev.
591	禾本科	雀稗属	雀稗	2	1	*Paspalum thunbergii* Kunth ex Steud.
592	禾本科	雀稗属	双穗雀稗	2	1	*Paspalum paspaloides* (Michx.) Scribn.

序号	科	属	种	属区系	科区系	拉丁文
593	禾本科	马唐属	止血马唐	2	1	*Digitaria ischaemum* (Schreb.) Schreb.
594	禾本科	马唐属	马唐	2	1	*Digitaria sanguinalis* (L.) Scop.
595	禾本科	马唐属	毛马唐	2	1	*Digitaria chrysoblephara* Fig. et De Not.
596	禾本科	结缕草属	中华结缕草	5	1	*Zoysia sinica* Hance
597	禾本科	结缕草属	天鹅绒	5	1	*Zoysia tenuifolia* Willd. ex Trin.
598	禾本科	羊茅属	高羊茅	1	1	*Festuca elata* Keng ex E. Alexeev
599	禾本科	香根草属	香根草	4	1	*Vetiveria zizanioides* (L.) Nash
600	禾本科	黑麦草属	黑麦草	10	1	*Lolium perenne* L.
601	禾本科	河八王属	河八王	7	1	*Narenga porphyrocoma* (Hance.) Bor
602	禾本科	甘蔗属	甘蔗	2	1	*Saccharum officinarum* L.
603	禾本科	甘蔗属	斑茅	2	1	*Saccharum arundinaceum* Retz.
604	禾本科	油芒属	油芒	14	1	*Eccoilopus cotulifer* (Thunb.) A. Camus
605	禾本科	大油芒属	大油芒	14	1	*Spodiopogon sibiricus* Trin.
606	禾本科	黄金茅属	金茅	4	1	*Eulalia speciosa* (Debeaux) Kuntze
607	禾本科	鸭嘴草属	有芒鸭嘴草	2	1	*Ischaemum aristatum* L.
608	禾本科	鸭嘴草属	毛鸭嘴草	2	1	*Ischaemum antephoroides* (Steud.) Miq.
609	禾本科	牛鞭草属	牛鞭草	4	1	*Hemarthria altissima* (Poir.) Stapf. et. C. E. Hubb
610	禾本科	荩草属	予叶荩草	4	1	*Arthraxon lancelatus* (Roxb.) Hochst.
611	禾本科	荩草属	荩草	4	1	*Arthraxon hispidus* (Thunb.) Makino
612	禾本科	荩草属	中亚荩草	4	1	*Arthraxon hispidus* (Thunb.) Makino var. *centrasiaticus* (Grisb.) Honda
613	禾本科	荩草属	匿芒荩草	4	1	*Arthraxon hispidus* (Thunb.) Makino var. *cryptatherus* (Hack.) Honda
614	禾本科	孔颖草属	白羊草	2	1	*Bothriochloa ischaemum* (L.) Keng
615	禾本科	细柄草属	细柄草	4	1	*Capillipedium parviflorum* (R. Br.) Stapf

序号	科	属	种	属区系	科区系	拉丁文
616	禾本科	香茅属	扭鞘香茅	4	1	*Cymbopogon hamatulus* (Nees ex Hook. et Arn.) A. Camus
617	禾本科	裂稃草属	裂稃草	2	1	*Schizachyrium brevifolium* (Sw.) Nees ex Büse
618	禾本科	菅属	黄背草	4	1	*Themeda japonica* (Willd.) Tanaka
619	禾本科	薏苡属	薏苡	7	1	*Coix lacryma-jobi* L.
620	禾本科	小麦属	小麦	8	1	*Triticum aestivum* L.
621	禾本科	小麦属	硬粒小麦	8	1	*Triticum turgidum* L. var. *durum* (Desf.) Yan. ex P. C. K
622	禾本科	稻属	稻谷	2	1	*Oryza sativa* L.
623	禾本科	稻属	籼米	2	1	*Oryza satiza* L. subsp. *indica* S. Kato
624	禾本科	稻属	粳稻	2	1	*Oryza sativa* L. subsp. *japonica* S. Kato
625	禾本科	玉蜀黍属	玉米	1	1	*Zea mays* L.
626	禾本科	大麦属	大麦	8	1	*Hordeum vulgare* L.
627	禾本科	高粱属	高粱	2	1	*Sorghum bicolour* (L.) Moench
628	禾本科	燕麦属	野燕草	8	1	*Avena fatua* L.
629	禾本科	燕麦属	燕麦	10	1	*Avena sativa* L.
630	棕榈科	棕榈属	棕榈	14	2	*Trachycarpus fortunei* (Hook.) H. Wendl.
631	棕榈科	蒲葵属	蒲葵	4	2	*Livistona chinensis* (Jacq.) R. Br.
632	百合科	玉簪属	玉簪	14	8	*Hosta plantaginea* (Lam.) Aschers.
633	百合科	丝兰属	丝兰	3	8	*Yucca smalliana* Fern.
634	百合科	丝兰属	凤尾兰	3	8	*Yucca gloriosa* L.
635	百合科	天门冬属	天门冬	4	8	*Asparagus cochinchinensis* (Lour.) Merr.
636	百合科	菝葜属	华东菝葜	2	8	*Smilax sieboldii* Miq.
637	百合科	菝葜属	菝葜	2	8	*Smilax china* L.
638	百合科	万寿竹属	宝铎草	14	8	*Disporum sessile* D. Don
639	百合科	蜘蛛抱蛋属	蜘蛛抱蛋	14	8	*Aspidistra elatior* Bl.
640	百合科	百合属	野百合	8	8	*Lilium brownii* F. E. Br. ex Miellez
641	百合科	萱草属	黄花菜	10	8	*Hemerocallis citrina* Baroni

序号	科	属	种	属区系	科区系	拉丁文
642	百合科	萱草属	萱草	10	8	*Hemerocallis fulva* (L.) L.
643	百合科	萱草属	大花萱草	10	8	*Hemerocallis middendorfii* Trautv. et Mey.
644	百合科	沿阶草属	沿阶草	14	8	*Ophiopogon bodinieri* Lévl.
645	百合科	沿阶草属	麦冬	14	8	*Ophiopogon japonicus* (L. f.) Ker-Gawl.
646	百合科	山麦冬属	土麦冬	14	8	*Liriope spicatae* (Thunb.) Lour.
647	百合科	山麦冬属	阔叶麦冬	14	8	*Liriope platyphylla* Wang et Tang
648	百合科	吉祥草属	吉祥草	14	8	*Reineckia carnea* (Andr.) Kunth
649	百合科	黄精属	玉竹	8	8	*Polygonatum odoratum* (Mill.) Druce
650	百合科	黄精属	黄精	8	8	*Polygonatum sibiricum* Delar. ex Redouté
651	百合科	绵枣儿属	绵枣儿	8	8	*Scilla scilloides* (Lindl.) Druce
652	百合科	葱属	小根蒜	8	8	*Allium macrostemon* Bunge
653	百合科	葱属	薤	8	8	*Allium chinense* G. Don
654	百合科	葱属	蒜	8	8	*Allium sativum* L.
655	百合科	葱属	韭	8	8	*Allium tuberosum* Rottl. ex Spreng.
656	百合科	葱属	洋葱	8	8	*Allium cepa* L.
657	百合科	葱属	葱	8	8	*Allium fistulosum* L.
658	百合科	百子莲属	百子莲	2	8	*Agapanthus Africanus* (L.) Hoffmanns.
659	大风子科	柞木属	柞木	2	2	*Xylosma racemosum* (Sieb. et Zucc.) Miq.
660	大风子科	山拐枣属	山拐枣	15	2	*Poliothyrsis sinensis* Oliv.
661	省沽油科	瘿椒树属	银鹊树	15	3	*Tapiscia sinensis* Oliv.
662	省沽油科	野鸦椿属	野鸦椿	14	3	*Euscaphis japonica* (Thunb.) Dippel
663	唇形科	黄芩属	韩信草	1	1	*Scutellaria indica* L.
664	唇形科	黄芩属	半枝莲	1	1	*Scutellaria babarta* D. Don
665	唇形科	夏至草属	夏至草	10	1	*Lagopsis supina* (Stepth.) Ik. -Gal. ex Knorr.
666	唇形科	香薷属	海州香薷	10	1	*Elsholtzia splendens* Nakai
667	唇形科	活血丹属	活血丹	10	1	*Glechoma longituba* (Nakai) Kuprian.

序号	科	属	种	属区系	科区系	拉丁文
668	唇形科	夏枯草属	夏枯草	8	1	*Prunella vulgaris* L.
669	唇形科	益母草属	益母草	10	1	*Leonurus artemisia* (Laur.) S. Y. Hu
670	唇形科	益母草属	錾菜	10	1	*Leonurus pseudomacranthus* Kitagawa
671	唇形科	野芝麻属	宝盖草	10	1	*Lamium amplexicaule* L.
672	唇形科	野芝麻属	野芝麻	10	1	*Lamium barbatum* Sieb. et Zucc.
673	唇形科	迷迭香属	迷迭香	12	1	*Rosmarinus officinalis* L.
674	唇形科	鼠尾草属	丹参	1	1	*Salvia miltiorrhiza* Bunge
675	唇形科	鼠尾草属	荔枝草	1	1	*Salvia plebeia* R. Br.
676	唇形科	石荠宁属	石荠宁	7	1	*Mosla sacabra* (Thunb.) C. Y. Wu. et. H. W. Li
677	唇形科	风轮菜属	风轮菜	8	1	*Clinopodium chinense* (Benth.) O. Ktze.
678	唇形科	薄荷属	薄荷	8	1	*Mentha haplocalyx* Briq.
679	唇形科	紫苏属	白苏	14	1	*Perilla frutescens* (L.) Britt.
680	唇形科	紫苏属	野生紫苏	14	1	*Perilla frutescens* (L.) Britt. var. *purpurascens* (Hayata) H. W. Li
681	唇形科	香茶菜属	溪黄草	6	1	*Rabdosia serra* (Maxim.) Hara
682	唇形科	香茶菜属	牛尾草	6	1	*Rabdosia ternifolia* (D. Don) Hara
683	唇形科	鞘蕊花属	五彩苏	4	1	*Coleus scutellarioides* (L.) Benth.
684	唇形科	筋骨草属	筋骨草	10	1	*Ajuga ciliata* Bunge
685	唇形科	筋骨草属	多花筋骨草	10	1	*Ajuga multiflora* Bunge
686	紫茉莉科	叶子花属	光叶子花	3	3	*Bougainvillea glabra* Choisy
687	芭蕉科	地涌金莲属	地涌金莲	15	4	*Musella lasiocarpa* (Fr.) C. Y. Wu ex H. W. Li
688	芭蕉科	芭蕉属	芭蕉	5	4	*Musa basjoo* Sieb. et Zucc.
689	车前科	车前属	车前	1	1	*Plantago asiatica* L.
690	车前科	车前属	平车前	1	1	*Plantago depressa* Willd.
691	车前科	车前属	北美车前	1	1	*Plantago virginica* L.
692	凤仙花科	凤仙花属	凤仙花	2	2	*Impatiens balsamina* L.
693	凤仙花科	凤仙花属	苏丹凤仙花	2	2	*Impatiens wallerana* Hook. f

序号	科	属	种	属区系	科区系	拉丁文
694	花荵科	天蓝绣球属	针叶天蓝绣球	9	8	*Phlox subulata* L.
695	景天科	景天属	费菜	8	1	*Sedum aizoon* L.
696	景天科	景天属	珠芽景天	8	1	*Sedum bulbiferum* Makino
697	景天科	景天属	瓜瓣景天	8	1	*Sedum onychopetalum* Fröd.
698	景天科	八宝属	八宝景天	8	1	*Hylotelephium erythrostictum* (Miq.) H. Ohba
699	虎耳草科	溲疏属	齿叶溲疏	9	1	*Deutzia crenata* Siebold et Zucc.
700	虎耳草科	虎耳草属	虎耳草	8	1	*Saxifraga stolonifera* Curt.
701	虎耳草科	茶藨子属	华茶藨子	8	1	*Ribes fasciculatum* Sieb. et Zucc. var. *chinense* Maxim.
702	桔梗科	桔梗属	桔梗	14	1	*Platycodon grandiflorus* (Jacq.) A. DC.
703	桔梗科	风铃草属	风铃草	8	1	*Campanula medium* L.
704	桔梗科	沙参属	荠苨	10	1	*Adenophora trachelioides* Maxim.
705	桔梗科	沙参属	石沙参	10	1	*Adenophora polyantha* Nakai
706	桔梗科	沙参属	杏叶沙参	10	1	*Adenophora hunanensis* Nannf.
707	桔梗科	半边莲属	半边莲	2	1	*Lobelia chinensis* Lour.
708	菊科	菊属	委陵菊	10	1	*Dendranthema potentilloides* (Hand.-Mazz.) Shih
709	菊科	菊属	甘菊	10	1	*Dendranthema lavandulifolium* (Fisch. ex Trautv.) Ling et Shih
710	菊科	菊属	菊花	10	1	*Dendranthema morifolium* (Ramat.) Tzvel.
711	菊科	菊属	野菊	10	1	*Dendranthema indicum* (L.) Des Moul.
712	菊科	猫儿菊属	猫儿菊	10	1	*Hypochaeris ciliata* (Thunb.) Makino
713	菊科	包果属	包果菊	10	1	*Smallanthus uvedalia* (L.) Mack.
714	菊科	雏菊属	雏菊	12	1	*Bellis perennis* L.
715	菊科	大丽花属	大丽花	3	1	*Dahlia pinnata* Cav.
716	菊科	金盏菊属	金盏菊	12	1	*Calendula officinalis* L.
717	菊科	翠菊属	翠菊	14	1	*Callistephus chinensis* (L.) Nees
718	菊科	矢车菊属	矢车菊	8	1	*Centaurea cyanus* L.
719	菊科	百日菊属	百日菊	3	1	*Zinnia elegans* Jacq.

序号	科	属	种	属区系	科区系	拉丁文
720	菊科	秋英属	秋英	3	1	*Cosmos bipinnata* Cav.
721	菊科	滨菊属	大滨菊	10	1	*Leucanthemum maximum* (Ramood) DC.
722	菊科	泽兰属	白头婆	8	1	*Eupatorium japonicum* Thunb.
723	菊科	一枝黄花属	加拿大一枝黄花	8	1	*Solidago canadensis* L.
724	菊科	马兰属	鸡儿肠	11	1	*Kalimeris indica* (L.) Sch. -Bip.
725	菊科	马兰属	全叶鸡儿肠	11	1	*Kalimeris integrifolia* Turcz. ex DC.
726	菊科	女菀属	女菀	11	1	*Turczaninowia fastigiata* (Fisch.) DC.
727	菊科	狗娃花属	狗娃花	11	1	*Heteropappus hispidus* (Thunb.) Less.
728	菊科	狗娃花属	阿尔泰狗娃花	11	1	*Heteropappus altaicus* (willd.) Novopokr.
729	菊科	紫菀属	紫菀	8	1	*Aster tataricus* L. f.
730	菊科	紫菀属	钻形紫菀	8	1	*Aster subulatus* Michx.
731	菊科	紫菀属	三脉紫菀	8	1	*Aster ageratoides* Turcz.
732	菊科	亚菊属	亚菊	11	1	*Ajania pallasiana* (Fisch. ex Bess.) Poljak.
733	菊科	金鸡菊属	大花金鸡菊	2	1	*Coreopsis grandiflora* Hogg.
734	菊科	金鸡菊属	金鸡菊	2	1	*Coreopsis basalis* (A. Dietr.) S. F. Blake
735	菊科	金鸡菊属	线叶金鸡菊	2	1	*Coreopsis lanceolata* L.
736	菊科	金光菊属	黑心金光菊	9	1	*Rudbeckia hirta* L.
737	菊科	金光菊属	金光菊	9	1	*Rudbeckia laciniata* L.
738	菊科	向日葵属	向日葵	9	1	*Helianthus annuus* L.
739	菊科	向日葵属	菊芋	9	1	*Helianthus tuberosus* L.
740	菊科	蓝刺头属	华东蓝刺头	9	1	*Echinops grijsii* Hance
741	菊科	飞蓬属	一年蓬	1	1	*Erigeron annuus* (L.) Pers.
742	菊科	白酒草属	小飞蓬	2	1	*Conyza canadensis* (L.) Cronq.
743	菊科	白酒草属	香丝草	2	1	*Conyza bonariensis* (L.) Cronq.
744	菊科	鼠麴草属	鼠麴草	1	1	*Gnaphalium affine* D. Don
745	菊科	旋覆花属	旋覆花	10	1	*Inula japonica* Thunb.

序号	科	属	种	属区系	科区系	拉丁文
746	菊科	万寿菊属	万寿菊	2	1	*Tagetes erecta* L.
747	菊科	万寿菊属	孔雀草	2	1	*Tagetes patula* L.
748	菊科	蛇鞭菊属	蛇鞭菊	1	1	*Liatris spicata* (L.) Willd.
749	菊科	松果菊属	松果菊	2	1	*Echinacea purpurea* (L.) Moench
750	菊科	天人菊属	天人菊	8	1	*Gaillardia pulchella* Foug.
751	菊科	蛇目菊属	蛇目菊	3	1	*Sanvitalia procumbens* Lam.
752	菊科	大吴风草属	大吴风草	14	1	*Farfugium japonicum* (L. f.) Kitam.
753	菊科	天名精属	天名精	10	1	*Carpesium abrotanoides* L.
754	菊科	天名精属	烟管头草	10	1	*Carpesium cernuum* L.
755	菊科	天名精属	金挖耳	10	1	*Carpesium divaricatum* Sieb et Zucc.
756	菊科	苍耳属	苍耳	1	1	*Xanthium sibiricum* Patrin
757	菊科	豚草属	豚草	1	1	*Ambrosia artemisiifolia* L.
758	菊科	豨莶属	豨莶	2	1	*Siegesbeckia orientalis* L.
759	菊科	豨莶属	腺梗豨莶	2	1	*Siegesbeckia pubescens* Makino
760	菊科	豨莶属	毛梗豨莶	2	1	*Siegesbeckia glabrescens* Makino
761	菊科	鳢肠属	鳢肠	2	1	*Eclipta prostrata* (L.) L.
762	菊科	鬼针草属	狼杷草	1	1	Bidens tripartita L.
763	菊科	鬼针草属	大狼杷草	1	1	*Bidens frondosa* L.
764	菊科	鬼针草属	鬼针草	1	1	*Bidens pilosa* L.
765	菊科	鬼针草属	小花鬼针草	1	1	*Bidens parviflora* Willd.
766	菊科	蓍属	蓍	10	1	*Achillea millefolium* L.
767	菊科	石胡荽属	石胡荽	2	1	*Centipeda minima* (L.) A. Br. et Aschers.
768	菊科	蒿属	茵陈蒿	1	1	*Artemisia capillaris* Thunb.
769	菊科	蒿属	猪毛蒿	1	1	*Artemisia scoparia* Waldst. et Kit.
770	菊科	蒿属	杜蒿	1	1	*Artemisia japonica* Thunb.
771	菊科	蒿属	南牡蒿	1	1	*Artemisia eriopoda* Bge.
772	菊科	蒿属	黄花蒿	1	1	*Artemisia annua* L.
773	菊科	蒿属	青蒿	1	1	*Artemisia carvifolia* Buch.-Ham. ex Roxb.
774	菊科	蒿属	白莲蒿	1	1	*Artemisia sacrorum* Ledeb.

序号	科	属	种	属区系	科区系	拉丁文
775	菊科	蒿属	艾	1	1	*Artemisia argyi* Lévl. et Van.
776	菊科	蒿属	野艾蒿	1	1	*Artemisia lavandulaefolia* DC.
777	菊科	蒿属	红足蒿	1	1	*Artemisia rubripes* Nakai
778	菊科	蒿属	魁蒿	1	1	*Artemisia princeps* Pamp.
779	菊科	蒿属	蒙古蒿	1	1	*Artemisia mongolica* (Fisch. ex Bess.) Nakai
780	菊科	野茼蒿属	野茼蒿	6	1	*Crassocephalum crepidioides* (Benth.) S. Moore
781	菊科	茼蒿属	茼蒿	12	1	*Chrysanthemum coronarium* L.
782	菊科	兔儿伞属	兔儿伞	14	1	*Syneilesis aconitifolia* (Bge.) Maxim.
783	菊科	千里光属	千里光	1	1	*Senecio scandens* Buch.-Ham. ex D. Don
784	菊科	千里光属	羽叶千里光	1	1	*Senecio argunensis* Turcz.
785	菊科	牛蒡属	牛蒡	10	1	*Arctium lappa* L.
786	菊科	飞廉属	飞廉	10	1	*Carduus nutans* L.
787	菊科	蓟属	刺儿菜	8	1	*Cirsium setosum* (Willd.) MB.
788	菊科	蓟属	蓟	8	1	*Cirsium japonicum* Fisch. ex DC.
789	菊科	蓟属	线叶蓟	8	1	*Cirsium lineare* (Thunb.) Sch.-Bip.
790	菊科	稻槎菜属	稻槎菜	10	1	*Lapsana apogonoides* Maxim.
791	菊科	泥胡菜属	泥胡菜	14	1	*Hemistepta lyrata* (Bunge) Bunge
792	菊科	风毛菊属	风毛菊	10	1	*Saussurea japonica* (Thunb.) DC.
793	菊科	风毛菊属	乌苏里风毛菊	10	1	*Saussurea ussuriensis* Maxim.
794	菊科	鸦葱属	鸦葱	10	1	*Scorzonera austriaca* Willd.
795	菊科	鸦葱属	华北鸦葱	10	1	*Scorzonera albicaulis* Bunge
796	菊科	毛连菜属	毛连菜	10	1	*Picris hieracioides* L.
797	菊科	蒲公英属	蒲公英	8	1	*Taraxacum mongolicum* Hand.-Mazz.
798	菊科	苦苣菜属	苦苣菜	10	1	*Sonchus oleraceus* L.
799	菊科	苦苣菜属	花叶滇苦菜	10	1	*Sonchus asper* (L.) Hill.
800	菊科	山莴苣属	山莴苣	10	1	*Lagedium sibiricum* (L.) Soják
801	菊科	翅果菊属	台湾翅果菊	7	1	*Pterocypsela formosana* (Maxim.) Shih
802	菊科	黄鹌菜属	黄鹌菜	11	1	*Youngia japonica* (L.) DC.

序号	科	属	种	属区系	科区系	拉丁文
803	菊科	小苦荬属	抱茎小苦荬	7	1	*Ixeridium sonchifolia* (Maxim.) Shih
804	菊科	苦荬菜属	齿缘苦荬菜	7	1	*Ixeris dentate* (Thunb.) Nakai
805	菊科	苦荬菜属	苦苦荬	7	1	*Ixers polycephala* Cass.
806	菊科	小苦荬属	中华小苦荬	7	1	*Ixeridium chinese* (Thunb.) Tzvel.
807	菊科	莴苣属	莴苣	12	1	*Lactuca sativa* L.
808	柳叶菜科	露珠草属	露珠草	8	1	*Circaea cordata* Royle
809	柳叶菜科	山桃草属	小花山桃草	9	1	*Gaura parviflora* Dougl.
810	柳叶菜科	山桃草属	紫叶千鸟花	9	1	*Gaura lindheimeri* Engelm. et Gray cv. 'Crimson Bunny'
811	柳叶菜科	山桃草属	山桃草	9	1	*Gaura lindheimeri* Engelm. et Gray
812	柳叶菜科	柳叶菜属	柳叶菜	8	1	*Epilobium hirsutum* L.
813	柳叶菜科	月见草属	月见草	3	1	*Oenothera biennis* L.
814	柳叶菜科	丁香蓼属	黄花水龙	2	1	*Ludwigia peploides* (Kunth) Raven subsp. *stipulacea* (Ohwi) Raven
815	商陆科	商陆属	商陆	2	2	*Phytolacca acinosa* Roxb.
816	商陆科	商陆属	美洲商陆	2	2	*Phytolacca americana* L.
817	石蒜科	葱莲属	葱莲	3	2	*Zephyranthes candida* (Lindl.) Herb.
818	石蒜科	葱莲属	韭莲	3	2	*Zephyranthes grandiflora* Lindl.
819	石蒜科	石蒜属	石蒜	14	2	*Lycoris radiata* (L'Her.) Herb.
820	石蒜科	龙舌兰属	龙舌兰	3	2	*Agave americana* L.
821	薯蓣科	薯蓣属	盾叶薯蓣	2	2	*Dioscorea zingiberensis* C. H. Wright
822	薯蓣科	薯蓣属	黄独	2	2	*Dioscorea bulbifera* L.
823	薯蓣科	薯蓣属	薯蓣	2	2	*Dioscorea opposita* Thunb.
824	石竹科	石竹属	石竹	10	1	*Dianthus chinensis* L.
825	石竹科	石竹属	须苞石竹	10	1	*Dianthus barbatus* L.
826	石竹科	石竹属	常夏石竹	10	1	*Dianthus plumarius* L.
827	石竹科	石竹属	香石竹	10	1	*Dianthus caryophyllus* L.
828	石竹科	石竹属	瞿麦	10	1	*Dianthus superbus* L.
829	石竹科	蚤缀属	蚤缀	8	1	*Arenaria serpyllifolia* L.
830	石竹科	蝇子草属	蝇子草	8	1	*Silene gallica* L.

序号	科	属	种	属区系	科区系	拉丁文
831	石竹科	蝇子草属	女娄菜	8	1	*Silene aprica* Turcz. ex Fisch. et Mey.
832	石竹科	繁缕属	繁缕	1	1	*Stellaria media* (L.) Cyr.
833	石竹科	鹅肠菜属	鹅肠菜	1	1	*Myosoton aquaticum* (L.) Moench
834	石竹科	卷耳属	球序卷耳	8	1	*Cerastium glomeratus* Thuill.
835	石竹科	漆姑草属	漆姑草	8	1	*Sagina japonica* (Sw.) Ohwi
836	石竹科	白鼓钉属	白鼓钉	2	1	*Polycarpaea corymbosa* (L.) Lam.
837	苋科	莲子草属	喜旱莲子草	2	1	*Alternanthera philoxeroides* (Mart.) Griseb.
838	苋科	莲子草属	锦绣苋	2	1	*Alternanthera bettzickiana* (Regel) Nichols.
839	苋科	青葙属	鸡冠花	2	1	*Celosia cristata* L.
840	苋科	青葙属	青葙	2	1	*Celosia argentea* L.
841	苋科	千日红属	千日红	2	1	*Gomphrena globosa* L.
842	苋科	苋属	反枝苋	1	1	*Amaranthus retroflexus* L.
843	苋科	苋属	苋	1	1	*Amaranthus tricolor* L.
844	苋科	苋属	凹头苋	1	1	*Amaranthus lividus* L.
845	苋科	苋属	皱果苋	1	1	*Amaranthus viridis* L.
846	苋科	牛膝属	牛膝	4	1	*Achyranthes bidentata* Blume
847	鸭跖草科	紫万年青属	紫露草	4	2	*Tradescantia ohiensis* Raf.
848	鸭跖草科	鸭跖草属	火柴头	2	2	*Commelina bengalensis* L.
849	鸭跖草科	鸭跖草属	鸭跖草	2	2	*Commelina communis* L.
850	鸭跖草科	水竹叶属	水竹叶	4	2	*Murdannia triquetra* (Wall.) Bruckn.
851	鸢尾科	射干属	射干	14	2	*Belamcanda chinensis* (L.) DC.
852	鸢尾科	鸢尾属	白射干	8	2	*Iris dichotoma* Pall.
853	鸢尾科	鸢尾属	鸢尾	8	2	*Iris tectorum* Maxim.
854	鸢尾科	鸢尾属	西伯利亚鸢尾	8	2	*Iris sibirica* L.
855	鸢尾科	鸢尾属	黄菖蒲	8	2	*Iris pseudacorus* L.
856	鸢尾科	鸢尾属	玉蝉花	8	2	*Iris ensata* Thunb.
857	鸢尾科	鸢尾属	马蔺	8	2	*Iris lactea* Pall. var. *chinensis* (Fisch.) Koidz.

序号	科	属	种	属区系	科区系	拉丁文
858	鸢尾科	香雪兰属	小苍兰	3	2	*Freesia hybrida* (Jacq.) klatt
859	酢浆草科	酢浆草属	酢浆草	1	1	*Oxalis corniculata* L.
860	酢浆草科	酢浆草属	红花酢浆草	1	1	*Oxalis corymbosa* DC.
861	牻牛儿苗科	牻牛儿苗属	牻牛儿苗	12	8	*Erodium stephanianum* Willd.
862	牻牛儿苗科	老鹳草属	老鹳草	1	8	*Geranium wilfordii* Maxim.
863	牻牛儿苗科	老鹳草属	野老鹳草	1	8	*Geranium carolinianum* L.
864	蒺藜科	蒺藜属	蒺藜	2	2	*Tribulus terrester* L.
865	芸香科	花椒属	竹叶花椒	2	2	*Zanthoxylum armatum* DC.
866	芸香科	花椒属	野花椒	2	2	*Zanthoxylum simulans* Hance
867	芸香科	花椒属	崖椒	2	2	*Zanthoxvlum schinifolium* Sieb. et Zacc.
868	芸香科	花椒属	花椒	2	2	*Zanthoxylum bungeanum* Maxim.
869	芸香科	吴茱萸属	臭檀吴萸	5	2	*Evodia daniellii* (Benn.) Hemsl.
870	芸香科	黄檗属	黄檗	14	2	*Phellodendron amurense* Rupr.
871	芸香科	枳属	枳	15	2	*Poncirus trifoliata* (L.) Raf.
872	金鱼藻科	金鱼藻属	金鱼藻	1	1	*Ceratophyllum demersum* L.
873	泽泻科	泽泻属	泽泻	8	1	*Alisma plantago-aquatica* L.
874	泽泻科	泽泻属	欧洲慈姑	8	1	*Sagittaria sagittifolia* L.
875	泽泻科	泽苔草属	泽苔草	4	1	*Caldesia parnassifolia* (Bassi ex L.) Parl.
876	睡莲科	睡莲属	睡莲	1	1	*Nymphaea tetragona* Georgi
877	睡莲科	莲属	莲	9	1	*Nelumbo nucifera* Gaertn.
878	睡莲科	莼属	莼菜	9	1	*Brasenia schreberi* J. F. Gmel.
879	睡莲科	萍蓬草属	萍蓬草	8	1	*Nuphar pumilum* (Hoffm.) DC.
880	睡莲科	芡属	芡实	14	1	*Euryale ferox* Salisb.
881	雨久花科	雨久花属	鸭舌草	3	2	*Monochoria vaginalis* (Burm. f.) Presl
882	雨久花科	凤眼蓝属	凤眼蓝	3	2	*Eichhornia crassipes* (Mart.) Solms
883	雨久花科	梭鱼草属	梭鱼草	3	2	*Pontederia cordata* L.
884	伞形科	前胡属	泰山前胡	10	1	*Peucedanum wawrae* (Wolff) Su
885	伞形科	窃衣属	破子草	10	1	*Torilis japonica* (Houtt.) DC.
886	伞形科	窃衣属	窃衣	10	1	*Torilis scabra* (Thunb.) DC.

序号	科	属	种	属区系	科区系	拉丁文
887	伞形科	胡萝卜属	野胡萝卜	8	1	*Daucus carota* L.
888	伞形科	芫荽属	芫荽	12	1	*Coriandrum sativum* L.
889	伞形科	岩风属	亚洲岩风	10	1	*Libanotis sibirica* (L.) C. A. Mey.
890	伞形科	柴胡属	红柴胡	8	1	*Bupleurum scorzonerifolium* Willd.
891	伞形科	蛇床属	蛇床	9	1	*Cnidium monnieri* (L.) Cuss.
892	伞形科	珊瑚菜属	珊瑚菜	9	1	*Glehnia littoralis* Fr. Schmidt ex Miq.
893	伞形科	明党参属	明党参	15	1	*Changium smyrnioides* Wolff
894	伞形科	阿魏属	铜山阿魏	12	1	*Ferula tunshanica* Su
895	伞形科	水芹属	水芹	8	1	*Oenanthe javanica* (Bl.) DC.
896	伞形科	芹属	旱芹	8	1	*Apium graveolens* L.
897	伞形科	天胡荽属	铜钱草	2	1	*Hydrocotyle chinensis* (Dunn) Craib
898	伞形科	天胡荽属	天胡荽	2	1	*Hydrocotyle sibthorpioides* Lam.
899	花蔺科	花蔺属	花蔺	8	2	*Butomus umbellatus* L.
900	香蒲科	香蒲属	水烛	1	1	*Typha angustifolia* L.
901	香蒲科	香蒲属	小香蒲	1	1	*Typha minima* Funk.
902	香蒲科	香蒲属	香蒲	1	1	*Typha orientalis* Presl.
903	黑三棱科	黑三棱属	黑三棱	8	8	*Sparganium stoloniferum* (Graebn.) Buch. -Ham. ex Juz.
904	天南星科	菖蒲属	菖蒲	8	2	*Acorus calamus* L.
905	天南星科	大薸属	大薸	2	2	*Pistia stratiotes* L.
906	天南星科	广东万年青属	广东万年青	7	2	*Aglaonema modestum* Schott ex Engl
907	天南星科	天南星属	东北天南星	8	2	*Arisaema amurense* Maxim.
908	天南星科	半夏属	虎掌	14	2	*Pinellia pedatisecta* Schott
909	天南星科	半夏属	半夏	14	2	*Pinellia ternata* (Thunb.) Breit.
910	莎草科	藨草属	藨草	1	1	*Scirpus triqueter* L.
911	莎草科	藨草属	水葱	1	1	*Scirpus validus* Vahl
912	莎草科	藨草属	花东藨草	1	1	*Scirpus karuizawensis* Makino
913	莎草科	藨草属	荆三棱	1	1	*Scirpus yagara* Ohwi
914	莎草科	荸荠属	牛毛毡	1	1	*Heleocharis yokoscensis* (Franch. et Savat.) Tang et Wang

序号	科	属	种	属区系	科区系	拉丁文
915	莎草科	荸荠属	渐尖穗荸荠	1	1	*Heleocharis attenuata* (Franch. et Savat.) Palla
916	莎草科	刺子莞属	刺子莞	1	1	*Rhynchospora rubra* (Lour.) Makino
917	莎草科	莎草属	风车草	1	1	*Cyperus alternifolius* L. ssp. *flabelliformis* (Rottb.) Kükenth.
918	莎草科	莎草属	香附子	1	1	*Cyperus rotundus* L.
919	莎草科	莎草属	扁穗莎草	1	1	*Cyperus compressus* L.
920	莎草科	水蜈蚣属	短叶水蜈蚣	2	1	*Kyllinga brevifolia* Rottb.
921	莎草科	苔草属	垂穗苔草	1	1	*Carex dimorpholepis* Steud.
922	竹芋科	再力花属	再力花	1	2	*Thalia dealbata* Fraser ex Roscoe
923	竹芋科	竹芋属	竹芋	3	2	*Maranta arundinacea* L.
924	美人蕉科	美人蕉属	美人蕉	3	2	*Canna indica* L.
925	美人蕉科	美人蕉属	大花美人蕉	3	2	*Canna generalis* Bailey
926	蓼科	何首乌属	何首乌	8	1	*Fallopia multifloria* (Thunb.) Harald
927	蓼科	蓼属	红蓼	8	1	*Polygonum orientale* L.
928	蓼科	金线草属	短毛金线草	9	1	*Antenoron filiforme* (Thunb.) Rob. et Vaut. var. *neofiliforme* (Nakai) Hara
929	蓼科	蓼属	头花蓼	8	1	*Polygonum capitatum* Buch.-Ham. ex D. Don
930	蓼科	蓼属	萹蓄	8	1	*Polygonum aviculare* L.
931	蓼科	蓼属	酸模叶蓼	8	1	*Polygonum lapathifolium* L.
932	蓼科	蓼属	愉悦蓼	8	1	*Polygonum jucundum* Meisn.
933	蓼科	蓼属	西伯利亚蓼	8	1	*Polygonum sibiricum* Laxm.
934	蓼科	蓼属	水蓼	8	1	*Polygonum hydropiper* L.
935	蓼科	蓼属	杠板归	8	1	*Polygonum perfoliatum* L.
936	蓼科	虎杖属	虎杖	8	1	*Reynoutria japonica* Houtt.
937	蓼科	酸模属	酸模	1	1	*Rumex acetosa* L.
938	蓼科	酸模属	羊蹄	1	1	*Rumex japonicus* Houtt.
939	蓼科	酸模属	齿果酸模	1	1	*Rumex dentatus* L.
940	蓼科	荞麦属	荞麦	8	1	*Fagopyrum esculentum* Moench

序号	科	属	种	属区系	科区系	拉丁文
941	菱科	菱属	菱	10	2	*Trapa bispinosa* Roxb.
942	菱科	菱属	乌菱	10	2	*Trapa bicornis* Osbeck
943	菱科	菱属	野菱	10	2	*Trapa incisa* Sieb. et Zucc.
944	灯心草科	灯心草属	灯心草	1	8	*Juncus effusus* L.
945	灯心草科	灯心草属	野灯心草	1	8	*Juncus setchuensis* Buchen.
946	灯心草科	灯心草属	翅灯心草	1	8	*Juncus alatus* France. et Sav
947	灯心草科	灯心草属	细灯心草	1	8	*Juncus gracilicaulis* A. Camus
948	旋花科	牵牛属	圆叶牵牛花	1	1	*Pharbitis purpurea* (L.) Voigt
949	旋花科	牵牛属	牵牛	1	1	*Pharbitis nil* (L.) Choisy
950	旋花科	茑萝属	茑萝松	2	1	*Quamoclit pennata* (Desr.) Boj.
951	旋花科	打碗花属	打碗花	8	1	*Calystegia hederacea* Wall.
952	旋花科	打碗花属	旋花	8	1	*Calystegia sepium* (L.) R. Br.
953	旋花科	打碗花属	藤长苗	8	1	*Calystegia pellita* (Ledeb.) G. Don
954	旋花科	马蹄金属	马蹄金	2	1	*Dichondra repens* Forst.
955	旋花科	番薯属	番薯	2	1	*Ipomoea batatas* (L.) Lam.
956	紫草科	蓝蓟属	蓝蓟	10	1	*Echium vulgare* L.
957	紫草科	紫草属	紫草	8	1	*Lithospermum erythrorhizon* Sieb. et Zucc.
958	紫草科	盾果草属	盾果草	7	1	*Thyrocarpus sampsonii* Hance
959	紫草科	盾果草属	弯齿盾果草	7	1	*Thyrocarpus glochidiatus* Maxim.
960	紫草科	紫草属	麦家公	10	1	*Lithospermum arvense* (L.)
961	紫草科	紫草属	梓木草	10	1	*Lithospermum zollingeri* DC.
962	紫草科	附地菜属	附地菜	10	1	*Trigonotis peduncularis* (Trev.) Benth. ex Baker et Moore
963	紫草科	斑种草属	斑种草	14	1	*Bothriospermum chinense* Bge.
964	紫草科	斑种草属	多苞斑种草	14	1	*Bothriospermum secundum* Maxim.
965	小二仙草科	狐尾藻属	狐尾藻	1	1	*Myriophyllum verticillatum* L.
966	水鳖科	苦草属	苦草	2	1	*Vallisneria natans* (Lour.) Hara
967	水鳖科	黑藻属	黑藻	10	1	*Hydrilla verticillata* (L. f.) Royle
968	水鳖科	黑藻属	罗氏轮叶黑藻	10	1	*Hydrilla verticillata* (L. f.) Royle var. *roxburghii* Casp.
969	浮萍科	浮萍属	浮萍	1	1	*Lemna minor* L.

序号	科	属	种	属区系	科区系	拉丁文
970	浮萍科	浮萍属	品藻	1	1	*Lemna trisulca* L.
971	浮萍科	紫萍属	紫萍	1	1	*Spirodela polyrrhiza* (L.) Schleid.
972	龙胆科	莕菜属	荇菜	1	1	*Nymphoides peltatum* (Gmel.) O. Kuntze
973	藜科	地肤属	地肤	8	1	*Kochia scoparia* (L.) Schrad.
974	藜科	甜菜属	甜菜	1	1	*Beta vulgaris* L.
975	藜科	甜菜属	厚皮菜	1	1	*Beta vulgaris*. L. var. *cicla* L.
976	藜科	猪毛菜属	猪毛菜	1	1	*Salsola collina* Pall.
977	藜科	藜属	细穗藜	1	1	*Chenopodium gracilispicum* Kung
978	藜科	藜属	土荆芥	1	1	*Chenopodium ambrosioides* L.
979	藜科	藜属	藜	1	1	*Chenopodium album* L.
980	藜科	藜属	小藜	1	1	*Chenopodium serotinum* L.
981	藜科	虫实属	软毛虫实	8	1	*Corispermum puberulum* Iljin
982	藜科	菠菜属	菠菜	12	1	*Spinacia oleracea* L.
983	马齿苋科	马齿苋属	马齿苋	2	1	*Portulaca oleracea* L.
984	马齿苋科	马齿苋属	大花马齿苋	2	1	*Portulaca grandiflora* Hook.
985	毛茛科	芍药属	牡丹	8	1	*Paeonia suffruticosa* Andr.
986	毛茛科	芍药属	芍药	8	1	*Paeonia lactiflora* Pall.
987	毛茛科	铁线莲属	太行铁线莲	1	1	*Clematis kirilowii* Maxim.
988	毛茛科	铁线莲属	毛果扬子铁线莲	1	1	*Clematis ganpiniana* (Lévl. et Vant.) Tamura var. *tenuisepala* (Maxim) C. T. Ting
989	毛茛科	毛茛属	茴茴蒜	1	1	*Ranunculus chinensis* Bunge
990	毛茛科	毛茛属	毛茛	1	1	*Ranunculus japonicus* Thunb.
991	毛茛科	毛茛属	杨子毛茛	1	1	*Ranunculus sieboldii* Miq.
992	毛茛科	毛茛属	禺毛茛	1	1	*Ranunculus cantoniensis* DC.
993	毛茛科	毛茛属	石龙芮	1	1	*Ranunculus sceleratus* L.
994	毛茛科	白头翁属	白头翁	8	1	*Pulsatilla chinensis* (Bunge) Regel
995	毛茛科	天葵属	天葵	14	1	*Semiaquilegia adoxoides* (DC.) Makino
996	毛茛科	唐松草属	东亚唐松草	8	1	*Thalictrum minus* L. var. *hypoleucum* (Sieb. et Zucc.) Miq.

序号	科	属	种	属区系	科区系	拉丁文
997	毛茛科	飞燕草属	飞燕草	8	1	*Consolida ajacis* (L.) Schur
998	毛茛科	乌头属	乌头	1	1	*Aconitum carmichaeli* Debx.
999	木通科	木通属	木通	14	3	*Akebia quinata* (Houtt.) Decne.
1000	苦木科	臭椿属	臭椿	5	2	*Ailanthus altissima* (Mill.) Swingle
1001	葡萄科	葡萄属	蘡薁	8	2	*Vitis bryoniaefolia* Bge.
1002	葡萄科	葡萄属	葡萄	8	2	*Vitis vinifera* L.
1003	葡萄科	地锦属	爬山虎	9	2	*Parthenocissus tricuspidata* (Sieb et Zucc.) Planch.
1004	葡萄科	地锦属	五叶地锦	9	2	*Parthenocissus quinquefolia* (L.) Planch.
1005	葡萄科	乌蔹莓属	乌蔹莓	4	2	*Cayratia japonica* (Thunb.) Gagnep.
1006	椴树科	田麻属	田麻	14	2	*Corchoropsis tomentosa* (Thunb.) Makino
1007	椴树科	田麻属	光果田麻	14	2	*Corchoropsis psilocarpa* Harms et Loes. ex Loes.
1008	椴树科	椴树属	南京椴	8	2	*Tilia miqueliana* Maxim.
1009	椴树科	扁担杆属	扁担杆	4	2	*Grewia biloba* G. Don
1010	椴树科	扁担杆属	小花扁担杆	4	2	*Grewia biloba* G. Don var. *parviflora* (Bunge) Hand. -Mazz.
1011	椴树科	黄麻属	黄麻	4	2	*Corchorus capsularis* L.
1012	报春花科	报春花属	樱草	8	1	*Primula sieboldii* E. Morren
1013	报春花科	点地梅属	点地梅	8	1	*Androsace umbellat* (Lour.) Merr.
1014	报春花科	珍珠菜属	金爪儿	1	1	*Lysimachia grammica* Hance
1015	报春花科	珍珠菜属	狭叶珍珠菜	1	1	*Lysimachia pentapetala* Bunge
1016	报春花科	珍珠菜属	红根草	1	1	*Lysimachia fortunei* Maxim.
1017	报春花科	珍珠菜属	矮桃	1	1	*Lysimachia clethroides* Duby
1018	报春花科	珍珠菜属	泽珍珠菜	1	1	*Lysimachia candida* Lindl.
1019	白花丹科	补血草属	补血草	1	2	*Limonium sinense* (Girald) Kuntze
1020	白花丹科	蓝雪花属	蓝雪花	2	2	*Ceratostigma plumbaginoides* Bunge
1021	葫芦科	绞股蓝属	绞股蓝	7	2	*Gynostemma pentaphyllum* (Thunb.) Makino
1022	葫芦科	赤瓟属	南赤瓟	7	2	*Thladiantha nudiflora* Hemsl. ex Forbes et Hemsl.

序号	科	属	种	属区系	科区系	拉丁文
1023	葫芦科	葫芦属	小葫芦	6	2	*Lagenaria siceraria* (Molina) Standl. var. *microcarpa* (Naud.) Hara
1024	葫芦科	栝楼属	栝楼	5	2	*Trichosanthes kirilowii* Maxim.
1025	葫芦科	南瓜属	笋瓜	2	2	*Cucurbita maxima* Duch. ex Lam.
1026	葫芦科	南瓜属	西葫芦	2	2	*Cucurbita pepo* L.
1027	葫芦科	南瓜属	南瓜	2	2	*Cucurbita moschata* (Duch. ex Lam.) Duch. ex Poiret
1028	葫芦科	西瓜属	西瓜	12	2	*Citrullus lanatus* (Thunb.) Matsum. et Nakai
1029	葫芦科	黄瓜属	甜瓜	2	2	*Cucumis melo* L.
1030	葫芦科	黄瓜属	黄瓜	2	2	*Cucumis sativus* L.
1031	葫芦科	冬瓜属	冬瓜	2	2	*Benincasa hispida* (Thunb.) Cogn.
1032	葫芦科	苦瓜属	苦瓜	6	2	*Momordica charantia* L.
1033	葫芦科	丝瓜属	丝瓜	4	2	*Luffa cylindrica* (L.) Roem.
1034	兰科	兰属	绶草	5	1	*Spiranthes sinensis* (Pers.) Ames
1035	胡麻科	胡麻属	芝麻	6	4	*Sesamum indicum* L.
1036	亚麻科	亚麻属	亚麻	12	1	*Linum usitatissimum* L.
1037	姜科	姜属	姜	7	2	*Zingiber officinale* Rosc.

注：附录中现有植物种类据2017—2019年不完全统计。

参考文献

[1] 陈灵芝. 中国植物区系与植被地理[M]. 北京:科学出版社,2015.
[2] 陈有民. 园林树木学(修订版)[M]. 北京:中国林业出版社,2007.
[3] 戴启金. 信阳市园林植物区系地理成分研究[D]. 郑州:河南农业大学,2010.
[4] 傅立国. 中国植物红皮书:稀有濒危植物:第一册[M]. 北京:科学出版社,1991.
[5] 国家环境保护局,中国科学院植物研究所. 中国珍稀濒危保护植物名录:第一册[M]. 北京:科学出版社,1987.
[6] 江苏省林业局. 江苏珍稀植物图鉴[M]. 南京:南京师范大学出版社,2016.
[7] 江苏省植物研究所. 江苏植物志:下[M]. 南京:江苏科学技术出版社,1982.
[8] 联合国粮食及农业组织. 国际植物保护公约[Z]. 罗马,1999.
[9] 梁珍海,秦飞,季永华. 徐州市植物多样性调查与多样性保护规划[M]. 南京:江苏科学技术出版社,2013.
[10] 刘燕. 园林花卉学[M]. 2 版. 北京:中国林业出版社,2009.
[11] 罗文,宋希强,许涵,等. 海南尖峰岭自然保护区蕨类植物区系分析[J]. 武汉植物研究,2010,28(3):294-302.
[12] 任宪威. 树木学[M]. 北京:中国林业出版社,1996.
[13] 吴征镒,周浙昆,李德铢,等. 世界种子植物科的分布区类型系统[J]. 云南植物研究,2003,25(3):245-257.
[14] 吴征镒. 中国种子植物属的分布区类型[J]. 云南植物研究,1991(S4):1-139.
[15] 中国科学院西北植物研究所. 秦岭植物志:第一卷　第二册[M]. 北京:科学出版社,1974.
[16] 中国科学院植物研究所. 中国珍稀濒危植物[M]. 上海:上海教育出版社,1989.
[17] 中国科学院中国植物志编辑委员会. 中国植物志:第八卷[M]. 北京:科学出版社,1992.

[18] 中国科学院中国植物志编辑委员会. 中国植物志:第二卷[M]. 北京:科学出版社,1959.
[19] 中国科学院中国植物志编辑委员会. 中国植物志:第二十八卷[M]. 北京:科学出版社,1980.
[20] 中国科学院中国植物志编辑委员会. 中国植物志:第二十二卷[M]. 北京:科学出版社,1998.
[21] 中国科学院中国植物志编辑委员会. 中国植物志:第二十七卷[M]. 北京:科学出版社,1979.
[22] 中国科学院中国植物志编辑委员会. 中国植物志:第九卷 第一分册[M]. 北京:科学出版社,1996.
[23] 中国科学院中国植物志编辑委员会. 中国植物志:第六卷 第三分册[M]. 北京:科学出版社,2004.
[24] 中国科学院中国植物志编辑委员会. 中国植物志:第六十九卷[M]. 北京:科学出版社,1990.
[25] 中国科学院中国植物志编辑委员会. 中国植物志:第六十六卷[M]. 北京:科学出版社,1977.
[26] 中国科学院中国植物志编辑委员会. 中国植物志:第六十三卷[M]. 北京:科学出版社,1977.
[27] 中国科学院中国植物志编辑委员会. 中国植物志:第六十一卷[M]. 北京:科学出版社,1992.
[28] 中国科学院中国植物志编辑委员会. 中国植物志:第七卷[M]. 北京:科学出版社,1978.
[29] 中国科学院中国植物志编辑委员会. 中国植物志:第七十二卷[M]. 北京:科学出版社,1988.
[30] 中国科学院中国植物志编辑委员会. 中国植物志:第七十一卷 第二分册[M]. 北京:科学出版社,1999.
[31] 中国科学院中国植物志编辑委员会. 中国植物志:第三十九卷[M]. 北京:科学出版社,1988.
[32] 中国科学院中国植物志编辑委员会. 中国植物志:第三十卷 第一分册[M]. 北京:科学出版社,1996.
[33] 中国科学院中国植物志编辑委员会. 中国植物志:第三十五卷 第二分册[M]. 北京:科学出版社,1979.
[34] 中国科学院中国植物志编辑委员会. 中国植物志:第三十一卷[M]. 北京:

科学出版社，1982.
[35] 中国科学院中国植物志编辑委员会.中国植物志：第十卷　第一分册[M].北京：科学出版社，1990.
[36] 中国科学院中国植物志编辑委员会.中国植物志：第十六卷　第一分册[M].北京：科学出版社，1985.
[37] 中国科学院中国植物志编辑委员会.中国植物志：第十七卷[M].北京：科学出版社，1999.
[38] 中国科学院中国植物志编辑委员会.中国植物志：第十三卷　第二分册[M].北京：科学出版社，1979.
[39] 中国科学院中国植物志编辑委员会.中国植物志：第十五卷[M].北京：科学出版社，1978.
[40] 中国科学院中国植物志编辑委员会.中国植物志：第四十二卷　第一分册[M].北京：科学出版社，1993.
[41] 中国科学院中国植物志编辑委员会.中国植物志：第四十三卷　第二分册[M].北京：科学出版社，1997.
[42] 中国科学院中国植物志编辑委员会.中国植物志：第四十四卷　第二分册[M].北京：科学出版社，1996.
[43] 中国科学院中国植物志编辑委员会.中国植物志：第五十二卷　第二分册[M].北京：科学出版社，1983.
[44] 中国科学院中国植物志编辑委员会.中国植物志：第五十二卷　第一分册[M].北京：科学出版社，1999.
[45] 中国科学院中国植物志编辑委员会.中国植物志：第五十六卷[M].北京：科学出版社，1990.
[46] 中国科学院中国植物志编辑委员会.中国植物志：第五十五卷　第三分册[M].北京：科学出版社，1992.
[47] 中国科学院中国植物志编辑委员会.中国植物志：第五十五卷　第一分册[M].北京：科学出版社，1979.
[48] 中国科学院中国植物志编辑委员会.中国植物志：第一卷[M].北京：科学出版社，2004.
[49] 中国植被编辑委员会.中国植被[M].北京：科学出版社，1995.